中等职业教育改革创新示范教材艺术设计类专业系列

服装陈列设计

FUZHUAGN CHENLIE SHEJI

主编 姚　律　**参编** 张晓燕

东南大学出版社
SOUTHEAST UNIVERSITY PRESS
·南京·

图书在版编目（CIP）数据

服装陈列设计/姚律主编. —南京：东南大学出版社，2015.12（2023.2重印）

中等职业教育改革创新示范教材艺术设计类专业系列

ISBN 978-7-5641-6235-1

Ⅰ. ①服…　Ⅱ. ①姚…　Ⅲ. ①服装—陈列设计—中等专业学校—教材　Ⅳ. ①TS942.8

中国版本图书馆CIP数据核字（2015）第301935号

服装陈列设计

出版发行　东南大学出版社
社　　址　南京市四牌楼 2 号　**邮编**　210096
网　　址　http://www.seupress.com
电子邮箱　press@seupress.com
经　　销　全国各地新华书店
印　　刷　广东虎彩云印刷有限公司
开　　本　787mm×1092mm　1/16
印　　张　9.25
字　　数　202千字
版　　次　2015年12月第1版
印　　次　2023年2月第2次印刷
书　　号　ISBN 978-7-5641-6235-1
定　　价　45.00元

本社图书若有印装质量问题，请直接与营销部联系。电话（传真）：025-83791830

Foreword
前　言

从近年来服装企业用人需求情况反馈，品牌企划类人才，特别是服装陈列设计人才，是一个需求量很大的缺口，因此，“服装陈列设计”是职业院校当中服装设计等相关专业的一门重要课程。基于目前陈列人才现状，本教材从职业能力要求出发，结合多年从事服装陈列一线教学的经验，侧重专业理论与实践技能相结合，以培养技能型和应用型服装陈列人才为基本目标，以增强学生的职业能力为中心，以生动实际的教学项目为载体，通过一个个工作任务，强调基于工作过程的动手能力的培养。

本教材被确立为浙江省中职课改省级示范校本教材。在教材的编写过程中，我们依据市场和企业的需求，在分析服装陈列设计人才培养目标、岗位需求、岗位能力以及平面设计工作流程的基础上，打破原来的学科教学体系，构建了以任务为核心、项目学习为主线的体系。教材将陈列设计的知识融入到品牌卖场构成分析、品牌卖场色彩陈列分析、陈列形式美的运用、橱窗陈列设计、陈列展厅模型制作等工作任务中，做到理论适度、重视应用，让学生在完成任务的过程中逐层掌握并学会服装陈列设计的知识点与技能，从而培养学生对陈列设计的审美及实际操作能力。

本教材的理论知识部分作为“学一学”的知识链接结合在每个项目任务中，同时配以大量时尚品牌的最新陈列案例说明；实践部分以“想一想”“练一练”“查一查”等大量激发学生兴趣的小栏目，促进了学生在学习任务过程中的练习、沟通、交流和团队协作能力以及实践技能操作能力的提高；本教材还注重评价方式的体现，以项目达标记录的方式来获得学生对技能掌握水平的反馈。

本教材由浙江省教坛新秀、湖州艺术与设计学校专业部部长、浙北童装设计中心设计总监姚律担任主编，浙江省湖州艺术与设计学校张晓燕讲师协助并整理编纂而成。

本教材既适合中高职业院校视觉营销专业的人员学习与参考，也适合有志于从事卖场陈列等相关行业的人员参考和学习。本教材在编写、审核一系列过程中，得到了东南大学出版社张丽萍编辑的大力支持，再此表示深深的感谢，同时，在教材的编写过程中，我们有选择地参考了一些著作成果，同时也引用了一些图文，在此向原作者深表谢意！

由于编写时间仓促，水平有限，书中疏漏在所难免，敬请广大读者不吝赐教，以便修订，使之日臻完善。

CONTENTS

目　录

FASHION
DISPLAY
DESIGN

项目一

服装陈列及职业认知

1

项目引言

自“陈列”诞生以来，这种与服装行业密切相关的时尚艺术行为，在为服装品牌塑造形象的同时，也增加了品牌的附加值。

目前，我国服装品牌的陈列水平与国际大牌相比还有明显的差距，庆幸的是许多人已经认识到了陈列在营销战略中的重要性，并正在迎头赶上。那么，什么是陈列？如何让陈列更有效？如何做到造型与商业完美结合？如何从一名爱好者或者没有接受过专业培训的“陈列师”成长为一名真正的职业陈列设计师？在本项目中我们将来进行一个系统的学习，也可以为完成后续任务提供理论基础。

根据这些问题和要求，本项目完成的任务有：

任务一：陈列知识初探；

任务二：理想陈列辨识；

任务三：陈列师的职业认识。

项目实施

任务一：陈列知识初探

1. 任务目标

通过对问卷调查的填写和分析，了解消费习惯与陈列的关系和什么是陈列。

2. 任务基本程序和考核要求

（1）分组：每人一组。

（2）任务分析：根据调查问卷思考卖场陈列是否影响着我们的消费习惯，是否促进消费。要求认真填写并进行总结思考。

（3）评价：分别谈谈自己的感悟。

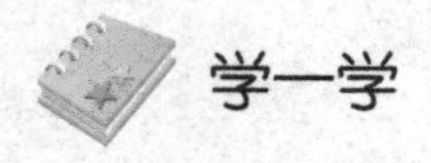

学一学

陈列的含义

近来业界流传着一句出自法国的经商谚语：即使是水果蔬菜，也要像一幅静物写生画那样艺术地排列，因为商品的美感能撩起顾客的购买欲望。

下面有两张照片，正好都出现了水果这个角色。这是两张出自两个截然不同的场所的照片。一张摄于中国的街头（图1–1），一张摄于国外的男装博览会里（图1–2）。当两张文化和场所迥异的照片放在一起时，却有许多惊人相似之处。

图1–1　水果摊的陈列展示

图1–2　国外男装博览会陈列展示

第一张是在街上随手抓拍的一个普通的流动水果摊的照片，摊主用最朴素的水果摆放方式，来推销他的水果。

水果摊主可能从来没有学过什么陈列和色彩的知识，但他这些简单朴素的摆放方式，却让我们领略到陈列中最核心的内容。

1. 陈列方式：突出重点，将大的桃子放在上面，将小的放在下面。

2. 色彩排列：采用对比色的形式。用绿色来衬托红色的桃子，使桃子显得更加鲜艳。

3. 产品鲜度：为了突出水果的鲜度，摊主用几片桃树叶来强调产品是刚刚采摘下来的，并用几个水滴增加水果新鲜感。

第二张是国外男装博览会上的照片，服装陈列师们把菠萝、香蕉、柠檬和服装陈列在一起，除了在寻求一种视觉的新奇感以外，其实也是借水果来表达服装的一种时尚鲜度。

不仅水果有新鲜度，服装同样也有它的新鲜度，服装的新鲜度其实就是流行感。只不过水果的新鲜度可以用眼也可以用嘴来检验；而服装只能用眼来品尝。如果把服装比做菜肴，那么陈列就是经过陈列师的精心调配后，呈现给顾客的一席视觉盛宴，不仅有时尚的色彩，还有流行的香味。

图1-3　优秀橱窗陈列展示1

有许多人认为陈列就是布置橱窗、给人模穿穿衣服，这是对陈列的片面理解。陈列涵盖了营销学、心理学、视觉艺术等多门学科知识，英文称为Display，Showing，Visual Presentation或Visual Merchandising Presentation，是一门综合性的学科，也是终端卖场最有效的营销手段之一，通过对产品、橱窗、货架、模特、灯光、音乐、POP海报（即店前广告）、通道的科学规划，达到促进产品销售、提升品牌形象的目的。

图1-4　优秀橱窗陈列展示2

一个优秀的陈列师除了具有扎实的基础知识外，还要对品牌的风格、顾客的购买心理、产品的销售有一定的研究。

近年国内的营销界也把卖场陈列称为“视觉营销”，足见陈列在营销中的地位（图1-3、图1-4）。

想一想

陈列的作用是什么呢?

陈列有以下两个作用：

1. 促进产品销售：通过各种陈列形式可以使静止的服装变成顾客关注的目标。对重点推荐的货品以及新上市的货品，用视觉的语言吸引消费者。同时，经过科学规划和精心陈列的卖场可以提高商品的档次，增加商品的附加值。

2. 传播品牌文化：服装除了物质层面的东西外，更是一种文化。好的陈列除了告知顾客卖场的销售信息外，同时还应传递企业特有的品牌文化。一个品牌只有建立起自己特有的品牌文化，才能加深消费者对品牌的印象，从而形成一批忠实的顾客群，让自己的品牌可以从众多品牌中脱颖而出，并增强企业的品牌竞争力，占有更多的市场份额。

练一练

调查问卷填写

Q1：在您购买衣物时，您经常会?

○ 一件一件购买，自己搭配

○ 购买套装

○ 看店里模特搭配购买

Q2：逛街时看到某服装品牌的橱窗很漂亮，是否会有兴趣走进该店?

○ 有兴趣并且会进入

○ 有兴趣但不会进入，只会多看几眼

○ 不会进入

Q3：你是否会因为橱窗中漂亮商品或搭配而产生购买冲动?

○ 经常会

○ 偶尔会

○ 基本不会

Q4：当你走进服装店时，您的视觉习惯一般是?

○ 从左往右

○ 从右往左

○ 从上往下

○ 从下往上

○ 从左上往右下

○ 从右上往左下

Q5：您觉得将同色系的服装归类在一起会方便选择吗？

○ 是

○ 否

Q6：你在购买商品时会配套购买店家搭配的衣物吗？

○ 不会

○ 很少会

○ 偶尔会

○ 通常会

Q7：您觉得现在的服装卖场存在哪些问题？

○ 服装陈列数量过多

○ 服装陈列数量过少

○ 服装陈列凌乱

○ 服装整体搭配不协调

○ 服装寻找或拿取不便

○ 服装陈列颜色不协调

○ 陈列道具过旧

○ 模特形态单一

○ 卖场灯光不舒适

○ 音乐太嘈杂

Q8：卖场中陈列把商品分新品、促销品等区域划分是否方便您选购？

○ 是

○ 不是

○ 不一定

Q9：实体店购物时，您最终购买的衣物多位于店面的什么位置？

○ 人体模型展示

○ 挂装展示

○ 叠装展示

○ 没注意过

Q10：店面哪里的衣服您试穿得最多？

○ 模特展示

○ 墙上挂的（位置高）

○ 货架挂的（位置较低）

○ 货架叠的

○ 有目的地寻找某一件衣服

从调查问卷中的答案中可知：顾客购买衣服时，除了需要人和人之间的“尊重、渴望、微笑”的精神体验外，他们还需要“获得良好的环境，获取时尚信息、气氛”等视觉和听觉的体验，而这些需求所占的比例一点也不亚于服装的本身。

意大利著名的服装设计师乔治·阿玛尼早期就在意大利的一个百货公司里从事橱窗陈列工作，陈列师出身的阿玛尼对卖场的陈列有着更深刻的理解：“我们要为顾客创造一种激动人心而且出乎意料的体验，同时又在整体上维持清晰一致的识别。商店的每一个部分都在表达我的美学理念，我希望能在一个空间和一种氛围中展示我的设计，为顾客提供一种深刻的体验。”

请注意这句话：“商店的每一个部分都在表达我的美学理念，我希望能在一个空间和一种氛围中展示我的设计。”也就是说阿玛尼的服装是在阿玛尼专卖店的特定的环境中、灯光、陈列方式以及营业员的服务——这样一种特定的品牌文化的氛围下销售出去的。设想如果把阿玛尼的服装放到一个杂乱无章的低档批发市场中销售，还能卖出专卖店那样的价格吗？因此，从这个意义上讲，陈列方式和服装同样是有价值的，陈列可以促进销售，可以创造价值（图1–5）。

图1–5　陈列展示1

著名的休闲装品牌佐丹奴自1992年进入内地以来，就一直不遗余力在终端推广陈列。佐丹奴是这样看待陈列的作用：货品陈列所起的推销作用比任何媒介大为有力，货品给予消费者的第一印象亦是持久的印象。视觉化之货品推销是立足于销售之第一线，它是一个无声的推销员（图1–6）。

图1–6　陈列展示2

无独有偶，作为国际级品牌新偶像的ZARA（图1-7、图1-8）对陈列也有它独到的观点："尽管每个系列商品的数量是有限的，但通过每周两次更新库存、商品的轮换摆放，专卖店还是每天都给人耳目一新的感觉，这就是预先制定展示计划的良好效果。顾客们在店内不由得四顾环盼，他们感到商店好像永远都在更新。"

无论佐丹奴还是ZARA，它们不光对卖场进行科学的规划，并且还预先制定了陈列方案，对陈列的重视已成为许多国际品牌的共识。

图1-7　ZARA
陈列展示1

图1-8　ZARA
陈列展示2

任务二：理想陈列辨识

1. 任务目标

通过任务，让学生初步接触服装陈列。并通过搜集国内外优秀的陈列图片及查找优秀的陈列案例，提高对陈列的审美力，并为后续的学习打好基础。

2. 任务基本程序和考核要求

（1）分组：4～5人一组。

（2）任务分析：任务相对简单，通过调研和资料搜集，结合本任务学习，掌握陈列是什么，陈列认知的误区，了解什么是理想的陈列；以此为目标搜集好的卖场陈列图片与案例并进行分析。

（3）作业评价：制作PPT进行总结。

学一学

理想的服装陈列

卖场陈列根据工作目标和结果的不同，大致可以把它分为三个层次：1.整洁、规范；2.合理、和谐；3.时尚、风格。

不同的品牌要对自身的陈列现状进行分析，确定契合实际的工作目标，一步一个脚印地向上提升，切忌“一口吃成个胖子”的冒进思想。

1. 整洁、规范：卖场中首先要保持整洁，即场地干净、清洁，服装货架无灰尘，货物堆放整齐，挂装平整，灯光明亮。假如连这点都做不到，我们就无法去实施其他陈列工作了。规范就是卖场区域划分，货架的尺寸，服装的展示、折叠、出样均要做到能按照各品牌或常规的标准统一执行（图1–9、图1–10）。

图1–9　整洁、规范的橱窗展示1

图1–10　整洁、规范的橱窗展示2

2. 合理、和谐：卖场的通道规划要科学合理，货架及其他道具的摆放要符合顾客的购物习惯及人体工程学，服装的分区划分要和品牌的推广和营销策略相符合。同时还要做到服装排列有节奏感，色彩协调，店内店外的整体风格要统一协调（图1–11）。

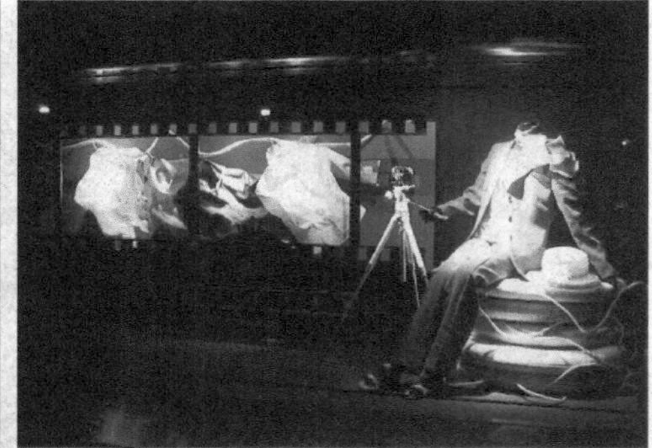

图1–11　合理、和谐的卖场展示

3. 时尚、风格：在现代社会里，服装是时尚产物，不管是时装还是家居服，无一不打上了时尚的烙印，店铺的陈列也不例外。卖场中的陈列要有时尚感，让顾客从店铺陈列中清晰地了解主推产品、主推色，获取时尚信息。另外，店铺的陈列要逐渐形成一种独特的品牌文化，使整个卖场从橱窗的设计、服装的摆放、陈列的风格等各方面都具有自己的品牌风格，富有个性。

卖场的陈列工作只有做到第三个层面，才能算是真正进入陈列的理想境界。

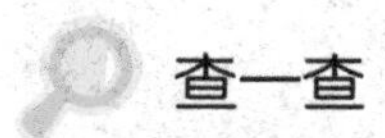

查一查

陈列认知的误区

由于我国服装业的品牌发展起步较晚，对陈列的认知程度也各有不同，归纳起来大概有以下几种状况：

第一种是陈列无用观点：认为终端的销售除了产品以外主要靠营销技巧，陈列只是一种装饰，是一种装点门面用的可有可无的东西。

第二种是陈列万能观点：认为陈列可以迅速提升销售额，比营销手段还重要。持这种观点的人往往在每一次陈列师做完陈列后，希望营业额会有很大的飙升。假如陈列对营销没有促进，他们又很容易成为陈列无用论拥护者。

最后一个是狭义的陈列观点：认为陈列师的工作就是摆摆衣服。这是目前在许多企业中出现最多的一种现象：卖场陈列师不重视卖场通道的规划，或把通道的设计交给了店铺设计师，把POP的设计交给了平面设计师，而陈列师工作往往是接受一堆已经设计好的服装、一个已经规划好的卖场、一张已经设计好的POP。在此之前，这些不同分工的设计师之间又往往没有任何的交流。最后的结果是造成陈列师工作面狭窄、工作被动，陈列创意主题牵强，卖场整体感不强。

面对这样一种状态，我们一方面要对陈列这个新兴的职业有足够的耐心和保持宽容的态度，关注它的成长，同时也要客观地看待它的作用。

陈列是终端中重要的一环，但它必须要和终端的其他环节互动，形成一个完整的终端营销系统，才能起到真正的作用。

良好的陈列状态应该是有机的、互动的、全方位的。只有这样，我们才能把设计师的设计理念毫无保留地传递到终端；同时让服装设计师更多地考虑卖场终端的状态，在设计中对产品进行调整（图1-12、图1-13、图1-14）。

图1–12　陈列展示1

图1–13　陈列展示2

图1–14　陈列展示3

想一想

什么是陈列的入手点呢?

有的企业也非常重视陈列，但往往努力做了很长时间，工作总是没有一点起色。要解决陈列的根本问题，首先要从影响陈列的两个源头抓起。这两个源头：一个是产品，一个是店铺的设计。

首先来谈谈产品：服装产品最终是在卖场中销售的，一个成熟的服装设计师就必须要了解卖场终端的状态，陈列师要一起参与产品的规划。只有这样才能把产品和陈列方式有机地结合在一起（图1-15、图1-16）。

图1-15　店铺设计1

图1-16　店铺设计2

另外，在店铺工程设计阶段，陈列师要事先做好和店铺设计师的沟通，特别是卖场的通道规划、灯光规划等，合理、良好的卖场规划是做好陈列工作的基础。

目前，一些有远见的服装企业正在建立起一种良性的互动式的工作方式，陈列师和服装设计师、店铺设计师在企业设计产品、设计店铺时就有所沟通，让服装设计师了解陈列，让陈列师参与店铺内部的规划，因为只有这样，才能从源头解决陈列工作越做越狭窄，陈列的主题和设计主题脱离的状况，从根本上解决陈列问题（图1-17、图1-18）。

图1-17　店铺设计3

图1-18　店铺设计4

随着国内服装企业的品牌意识加强，陈列正逐渐受到品牌企业的重视。但把陈列真正融入品牌规划之中，让陈列和品牌系统各个环节进行良性的互动，并建立有品牌特色的陈列语言，仍是我们不断努力和探索的一个目标。

练一练

优秀陈列的辨识

1. 通过讨论，说一说当地比较优秀的服装陈列卖场有哪些。

2. 课后参观调研一下讨论中提到的品牌服装卖场，加深对优秀陈列的辨识。

任务三：陈列人员职业认知

1. 任务目标

通过任务，分析自身在专业上和综合素质上与专业陈列师的差距，确立学习目标。

2. 任务基本程序和考核要求

（1）分组：每人一组。

（2）任务分析：任务相对简单，通过调研和资料搜集，结合本任务学习，了解陈列师的专业素养和综合技能要求；确定专业学习的目的、分析差距的客观性和学习目标的可实现性。

（3）作业评价：根据任务分析制作PPT进行总结汇报。

查一查

国内视觉陈列现状

在欧美发达国家，只要是有零售终端卖场的品牌都非常注重商品的陈列，所以在品牌总部会由视觉营销部专门设计品牌终端卖场的视觉形象，并且由卖场陈列专员负责实施，所以几乎在每一家店都会有一个陈列专员或是陈列助理。从事陈列设计的工作人员，要经过严格的考试获取从业资格证书方可上岗。

如今，伴随着中国经济的发展和大众消费能力的提升，国外的服装品牌逐步进入中国市场，品牌战略竞争日趋白热化，陈列设计师在国内获得越来越多的关注，陈列文化在国内有广阔的发展空间。

一、品牌对陈列工作的重视情况

目前，大部分品牌开始重视终端视觉形象，并有越来越多的企业付出行动来加强品牌视觉形象方面的建设工作；企业已深知陈列工作的重要性，逐渐在终端形象上投入大量资金，以期不断提升品牌终端形象。

二、品牌终端视觉形象现状

不同地区、不同级别市场品牌视觉形象的差异很大：在一线大城市，受到国际品牌的影响，陈列形象相对好一些，到了二线城市、县级城市时，则逐级下降，甚至在县级城市几乎没有陈列，只是简单的商品摆放；中小型企业没有健全的陈列职能部门，并且岗位工作职能不清晰，无可行的陈列标准，陈列设计人员大部分是由品牌市场人员、服装设计师兼任；中国品牌的市场状况，有代理商、加盟商还有直营商，直营卖场的陈列执行相对容易些，但在代理商与加盟商的陈列执行工作中，会因他们对陈列工作的理解与认识程度，受到相当大的影响。

三、专业陈列设计人才的稀缺

国内大部分的品牌，虽拥有上百家、上千家卖场，但并无真正的专业陈列人才。中国有大量的连锁加盟型品牌，每个品牌又有很多家卖场，也就是说中国需要大量的陈列专员和陈列师，陈列设计人才在中国属于稀缺人才。

学一学

陈列人员的工作职责

一、陈列师工作职责

1. 负责公司各品牌陈列小帮手的管理与督导检查工作。

2. 负责公司各店铺日常陈列的维护与督查工作。

3. 负责店铺员工的产品知识和店铺陈列的培训工作。

4. 负责品牌公司各阶段市场活动的推广，根据品牌公司的陈列模式，做好重点店铺的陈列调整，并将该模式推广到其余各店铺。

5. 负责公司新开店、整改店铺的陈列调场工作，并依据平面图提出合理的陈列布局意见，在后期进行合理局部调整。

6. 做好开店前店铺SKU（产品库存的简称）、模特与陈列道具的数量统计工作，如有问题及时与品牌公司联系。

7. 负责与商品部沟通各店铺货品的现有问题。

8. 负责每月新品到货的陈列调整工作，并做好每月的陈列培训工作。

9. 进行周陈列巡检、月度陈列评比和季度陈列评比最佳陈列小帮手工作。

10. 负责与品牌公司VMD（产品企划部门的简称）的联系工作，定期向品牌公司反馈本地区的陈列报告。

二、陈列主管工作职责

1. 协助各品牌部门的陈列专员、督导办理陈列小帮手的任免、晋升、调动与奖惩等。

2. 负责公司陈列管理制度的建立、实施和修订。

3. 负责公司日常陈列管理。

4. 组织公司平时考核及月度考核工作。

5. 组织公司产品陈列培训工作。

6. 组织各部门进行品牌陈列专员、店铺陈列小帮手的编制管理。

三、陈列小帮手职责

1. 认真学习《陈列手册》的相关内容，并在店铺的陈列工作中严格执行。

2. 负责店铺的日常陈列维护工作。

3. 负责店铺员工的产品知识和产品陈列的培训，当陈列小帮手请假时应有人代理其工作。

4. 根据品牌公司各阶段的推广活动，主动做好店铺陈列调整。

5. 参与公司新开店、特卖场和整改店铺的陈列调场工作。

6. 负责每月到货的新品陈列调整工作。

7. 向陈列主管及时汇报店铺的陈列情况。

8. 从陈列角度对单店库存情况做出分析，并与品牌货管沟通，做好调货和整合工作。

9. 在节假日、公司促销日，配合陈列专员做出辅助销售的陈列计划。

10. 定期按时参加公司组织的产品和陈列培训，学习后应及时向店内人员传达。

想一想

你想成为优秀的陈列设计师吗?

对于陈列师的职业规划，首先要分析个人目前的优势和爱好，然后可以从两个方向来考虑：

一、纵向发展：陈列领域专家，包括陈列经理或总监、陈列培训讲师等

陈列所涵盖的内容主要分为以下四个方面：

1. 陈列的技法：指对陈列的基本知识（包括色彩知识、陈列结构知识、陈列搭配知识、陈列原则等）与实操能力的掌握；

2. 陈列创意：指对陈列模式、陈列道具开发、橱窗设计等能力的掌握；

3. 陈列管理：指对团队建设、部门架构、部门岗位职责、陈列标准、陈列流程、陈列的绩效考核、陈列管理制度的建立与完善等能力的掌握；

4. 陈列的培训：包括陈列技能的培训、陈列标准与管理的培训等内容。

以上内容如果你可以全部掌握并驾轻就熟，那么恭喜你，你绝对可以称为国内资深的陈列专家，你将成为服装企业或者咨询公司炙手可热的宠儿；但要想达到以上的境界需要少则五六年、多则十年时间的历练。其实可以达到以上能力的人在国内少之又少，因为以上内容包含了四个看似不同层面但又相互关联的能力：（1）动手能力，（2）设计与创意能力，（3）管理能力，（4）表达能力。当然，这四种能力其实也有一定的矛盾和冲突性，比如喜欢动手或者创意能力强的人通常管理别人和沟通的能力相对较差；管理能力和沟通表达能力强的人通常动手和创意性较差。所以，还是要根据个人自身的特长和优势而明确个人的发展方向：做一个陈列技能和创意都很强的技术性专家是个非常不错的选择；同时，做一个懂专业、懂管理、沟通和表达能力强的管理型或培训型的专家也是个非常不错的选择。

二、横向发展：服装设计大师、专卖店设计专家、视觉营销专家、职业买手等

所谓横向发展就是指除了掌握陈列知识外可以根据自己的爱好多学习其他领域的知识，让自己成为一个“全才”。国内正规的教育体系中目前为止还没有陈列或者VMD视觉营销这个专业，所以国内的陈列师通常是从三个方面转变过来的：

1. 美术专业毕业的；

2. 服装设计专业毕业的；

3. 做销售出身的。

通常有这三方面基础的陈列师的特长和未来适合发展的方向也有所不同。

练一练

找找优秀的陈列设计师

通过书籍和网络寻找国内外优秀的陈列设计师，了解他们的工作内容和性质。

项目达标记录

	优秀	良好	合格	需努力	自评	组评
任务一	5分	4分	3分	2分		
任务二	5分	4分	3分	2分		
任务三	5分	4分	3分	2分		
总分						

项目总结

	过程总结	活动反思
任务一		
任务二		
任务三		

项目二

服装品牌卖场陈列构成与布局

2

项目引言

服装品牌卖场陈列构成与布局之于一个店面如同城市规划之于一个城市。如果布局不合理，所造成的影响是深远、严重甚至是致命的。卖场构成和布局不但是配置合理商品结构的前提条件，也是促进消费者购买的极大诱因。

终端卖场划分为导入部分、营业部分、服务部分及通道等。本项目知识目标主要是通过实践，掌握服装卖场的组成部分和规划规范；能力目标为在掌握卖场陈列的基础上，能针对具体的工作任务灵活运用。

基于以上的项目目标，本项目需要完成的任务是：

任务四：品牌卖场构成分析；

任务五：服装品牌卖场陈列布局与动线调研。

项目实施

任务四：品牌卖场构成分析

1. 任务目标

通过实际的任务分析，让学生了解卖场构成的重要性及卖场的组成部分。

2. 基本任务程序和考核要求

（1）分组：一组4～5人。

（2）任务分析：对一个优秀的卖场陈列进行市场调查，搜集陈列相关信息和图片资料。着重对导入部分、营业部分、服务部分各个细节进行分析。

（3）作业评价：将调查结果制作成册，分组讲解所调查品牌的卖场构成，对陈列不足之处提出改正意见。

卖场构成的含义

卖场是商家和顾客进行交易的地方。这里，卖场的“场”有两种含义：第一种，适应某种需要比较大的地方；第二种，物质存在的一种基本形式，能传递实物间的相互作用，如磁场、气场等。

其实在卖场中这两种形式的“场”都存在。传统商业经营中提到的“人气”，就是指合理利用这两种有形和无形的“场”而形成的。

要使一个卖场有“人气”，通俗地说要做好两点：一要有好的人缘，营业员和顾客要形成融洽交流的无形磁“场”；二要通过合理的规划和陈列，创造一个生动有趣的有形磁“场”，从而吸引顾客上门。

要使卖场富有磁性、吸引顾客，当然离不开美观、时尚的产品，辅之以有趣的造型、悦目的灯光、动听的音乐等元素，但首要的是必须有一个规划合理的空间。卖场规划得合理与否，将直接影响着陈列的效果，如果一个卖场的布局和规划本身就存在严重问题，那么即使产品陈列做得再好，其效果也会大打折扣。

另外，卖场不同于展览会中纯粹用于产品展示的展位，它不仅要体现视觉的效果，同时还要能体现商业的效果。因此在规划卖场时，不仅要考虑卖场的尺度和视觉因素，同时还必须考虑营销等方面的因素。

一个优秀的陈列师必须具备一定的卖场规划知识：首先，在规划卖场之前，要了解一个卖场的主要组成元素以及基本功能；其次，在专卖店装修设计阶段，要和卖场设计师进行沟通，或直接参与卖场的规划方案的讨论，同时可以对一些已投入使用的卖场进行局部的合理调整。

只有在一个规划合理的卖场中，陈列才可能做得更加精彩。

学一学

卖场构成的组成部分

卖场构成有不同的分类方式。为了更简洁和实用，通常根据营销管理的流程进行划分，一般可以将它划分为三个部分：导入部分、营业部分和服务部分。

一、导入部分

导入部分位于卖场的最前端，是卖场中最先接触顾客的部分。它的功能是在第一时间告知顾客卖场产品的品牌特色，透露卖场的营销信息，以达到吸引顾客进入卖场的目的。

服装是一种日用消费品，顾客很容易进行冲动性的购买。我们经常看到这样的情景，有时候顾客在橱窗中看到一个吸引人的款式就直接进店购买。因此专卖店导入部分是否吸引人，规划是否合理，将直接影响到顾客的进店率以及卖场的营业额。

导入部分包括店头、橱窗、POP看板、流水台、出入口等元素。

1. 店头

通常由品牌标识或图案组成，用以吸引顾客（图2-1、图2-2）。

图2-1 店头的设计1 ▶

图2-2 店头的设计2 ▼

2. 橱窗

由模特或其他陈列道具组成一组主题，形象地表达品牌的设计理念和卖场的销售信息（图2–3）。

图2–3　橱窗的设计

3. 流水台

流水台是对卖场中的陈列桌或陈列台的通俗叫法，通常放在入口处或店堂的显眼位置。有单个的，也有用两三个高度不同的陈列台组合而成的子母式。主要用于摆放重点推荐或能表达品牌风格的款式，常用一些造型组合来诠释品牌的风格、设计理念以及卖场的销售信息。

在设有橱窗的卖场里，流水台起到和橱窗里外呼应的作用，并更多地扮演着直接传递销售信息的作用。在一些没有设立橱窗的卖场中，流水台还要承担起橱窗的一些功能（图2–4、图2–5）。

图2–4　流水台的布置1

图2–5　流水台的布置2

4. POP看板

放在卖场入口处，通常用图片和文字结合的平面POP告知卖场营销信息。

5. 出入口

由于面积的限制，通常服装店出入口是出口和入口合二为一的。不同的品牌定位，其出入口的大小和造型也有所不同（图2-6、图2-7）。

图2-6　出入口的设计1

图2-7　出入口的设计2

二、营业部分

如果将导入部分作为卖场整个营销活动的序曲或铺垫的话，那么营业部分是直接进行产品销售活动的地方，也是卖场中的核心。营业部分在卖场中所占的比例最大，涉及的内容也最多。营业部分规划的成败，直接影响到产品的销售成绩。

营业部分主要由各种展示器具组成。

（一）服装展示器具分类

不同种类的服装品牌根据自己的品牌特色和服装特点，会配备一些不同的展示器具。各个品牌对这些展示器具有很多不同的叫法，有的比较混乱，因此，在此作一个相应的解释，以便于识别。

1. 按形状分

用框架组成的通常称为架，两侧封闭的通常称为柜，如西装的陈列通常用柜式。

架除了常规的造型外，还包括：

风车架：造型像风车，用于挂放服装和裤子的架。

圣诞树架：造型像圣诞树，用于陈列叠装的三层圆盘架（图2-8）。

图2-8　圣诞树架

2. 按高低分

高架（柜）：通常高度在200～250 cm的展示器具（图2-9）。

矮架（柜）：通常高度在150 cm以下的展示器具。

3. 按摆放位置分

边架（柜）：摆放在卖场靠墙位置的展示器具。

中岛架（柜）：摆放在卖场中间位置的展示器具。

4. 按功能分

饰品柜：用于陈列装饰品的柜子。

鞋柜：用于陈列鞋子的柜子。

图2-9　高架的展示

（二）服装专卖店常用展示器具

在实际的应用中，展示器具的名称只要能明确地和其他器具进行区分，简单易记就可以。

下面就企业中常用的一些展示器具进行详细的解释，为了实用起见，其名称也采用企业常用的叫法。

1. 高架（柜）

又称边架（柜），通常沿墙摆放，高度通常在200～250 cm，由于其有较大的空间，可以进行叠装、侧挂、正挂等多种陈列形式，能比较完整地展示成套服装的效果。由于其高度在人的有效视线范围内，通常在卖场中高架上的服装要比其他形式货架的销售额要高。

顾客的有效视线范围和取放服装的便捷性是确定高架高度的主要因素，另外一些中、低档价位休闲装品牌还需考虑货架的储货率，因此，其高架的高度通常比高价位的服装品牌的高度要高。

2. 矮架（柜）

泛指放置在卖场中高度相对较矮的货架。由于通常放置在卖场的中部，所以也称为中岛架。矮架的种类包括：陈列服装和饰品的矮柜、风车形矮架、圣诞树形矮架等。

矮架一般放置在卖场的中间。为了不使卖场内的空间显得太拥挤，以及遮挡视线，其高度一般应比眼睛的高度要低，在商场中的矮架高度通常限制在150 cm以下（图2–10）。

图2–10　矮架的展示

3. 风车架

由于其形状似风车，故名。风车架的挂杆有三到四个方向，可以兼顾顾客不同角度的视线，展示比较灵活，可以用来展示上装或下装。

4. 裤架（筒）

包括圆形裤架以及由高、矮货架分隔成的裤筒等，专门用于集中陈列裤子。

5. 饰品架（柜）

卖场中的饰品可以和服装配套陈列，配套陈列的好处是可以使服装的搭配变得更丰富，也可增加销售额，缺点是不能将所有的品种罗列出来。

为了将饰品全部陈列出来，特别是为了方便对某些贵重饰品的管理，在卖场中会专门设置饰品柜。体积大的饰品宜用开架陈列方式，通过包架、帽架等来陈列。

一些小的或贵重的饰品，如眼镜、首饰、丝巾、领带、皮夹等，可以陈列在封闭式的玻璃饰品柜中。

三、服务部分

服务部分是为了更好地辅助卖场的销售活动，使顾客能更多地享受品牌超值的服务。在市场竞争越来越激烈的今天，为顾客提供更好的服务，已成为许多品牌的追求。服务部分主要包括试衣室、收银台、仓库等部分。

1. 试衣室

试衣室是供顾客试衣、更衣的区域。试衣室包括封闭式的试衣室和设在货架间的试衣镜。从顾客在整个卖场的购买行为来看，试衣室是顾客决定是否购买服装的最后一个环节（图2-11、图2-12）。

图2-11　试衣室1

图2-12　试衣室2

2. 收银台

收银台是顾客付款结算的地方，从卖场的营销流程上看，它是顾客在卖场中购物活动的终点。但从品牌的服务角度看，它又是培养顾客忠诚度的起点。

收银台既是收款处也是一个卖场的指挥中心，通常也是店长和主管在卖场中的工作位置。

3. 仓库

在卖场中附设仓库，可以在最快的时间内完成卖场的补货工作。仓库的设置主要视每日卖场中的补货状态以及面积是否充裕而定。

练一练

你在生活中见过学到的陈列器具吗?

1. 互相讨论下曾经见过的陈列器具。
2. 分享所见过的特别的品牌店面陈列。

任务五：服装品牌卖场陈列布局与动线调研

1. 任务目标

通过绘制卖场平面图，让学生掌握卖场空间陈列区的货品陈列布局方法和通道设置、动线规划及商品的A、B、C、D区域。

2. 基本程序和考核要求

（1）分组：一组4～5人。

（2）任务分析：对已调查的品牌卖场进行分析，充分了解其品牌历史、理念、风格及产品特点等相关信息。

（3）作业评价：调查结果制作成册，分组发表。

查一查

通道规划的要求

通道是指顾客和销售人员在卖场中通行的空间，合理的通道规划可以使顾客舒畅地在卖场内浏览全部商品，并产生购物兴趣。

通道规划原则可以用四个字来概括，就是“便捷、引导”。卖场通道规划和城市道路规划非常相似，首先都必须考虑良好的通过性。在城市的道路规划中，规划部门要从道路的数量、分布、宽窄、主副道路的配置以及方便车辆的通过等方面考虑。这一点与卖场主副通道的规划和配置是一致的。“便捷”也是要考虑的重要元素，在卖场入口处、店内通道的设计上都要充分考虑顾客的容易进入和方便通过，卖场里的通道也要留以合理的尺度，方便顾客到达每一个角落，避免产生卖场死角。

如东方人平均身宽为60 cm，为了方便顾客的通行，卖场中的主通道宽度通常是以两个人正面交错走过的宽度而设定的，一般在120 cm以上。最窄的顾客通道宽度不能小于90 cm，即两个成年人能侧身通过。仅供员工通过的通道，至少也应保持40 cm宽度。收银台前要考虑顾客排队等候的人流量，可以根据卖场面积和品牌定位进行规划，一般应保持至少180 cm的宽度。

如果一个卖场门口非常拥挤或卖场的通道非常狭窄，就会使顾客产生不愿意进入的念头。

另外，卖场通道的设计还要考虑顾客在购物中停留的空间。一些重点的部位要留有绝对的空间，因为卖场最终的目的不是让顾客通过而是停留。

卖场通道的设计还有一点和城市道路规划不同的是“引导”作用，要引导顾客进入卖场的每个角落，在店内顺畅地选购商品。

现实中卖场的空间总是有这样那样不完美的因素，如有的卖场进深太深，会使顾客有不安全感，影响进店率；有些卖场容易出现顾客不易到达的“死角”，不利于商品销售。

因此，在卖场规划中对通道和货架的安排要能促使顾客按照设计的路径行走，从而达到让顾客浏览整个卖场的效果。

想一想

卖场通道的类型有哪些?

卖场通道根据经营的服装类型和卖场面积的大小，可以规划成不同的形状，一般常见有以下类型。

一、直线型通道

即一条单向直线通道，或以一个单向通道为主，再辅助几个副通道的设计，顾客的行走路线沿着同一通道作直线往复运动。直线型通道通常是以卖场的入口为起点，以卖场收银台作为终点的通道设计方案。它可以使顾客在最短的路线内完成商品购买行为。

直线型通道的优点是布局简洁，商品一目了然，节省空间，顾客容易寻找货品、便于快速结算；缺点是容易形成生硬、冷淡和一览无遗的气氛。

直线型的通道设计适合小型的卖场及对卖场的面积利用率较高的卖场，但不太适合进深特别长的卖场，因为会给人一种非常深长的感觉。

二、环绕型通道

主通道的布局是以圆形环绕整个卖场。动线指顾客和销售人员在卖场中经过的路径。环绕型通道布局有两种：R型，两个入口，再围绕着中心岛的中间通道观看商品的动线；O型，一个入口，再围绕着中心岛的中间通道观看商品的动线。

其优点是：有指向性，通道的指向直接将顾客引导到卖场的四周，使顾客分流并迅速进入陈列效果较好的边柜；通道简洁且有变化，顾客可以依次浏览和购买服装。这种通道设计适合于营业面积相对较大或中间有货架的卖场（图2-13）。

图2-13　环绕型通道

三、自由型通道

自由型通道设计有两种：一种是货架布局灵活，呈不规则路线分布的通道；另一种是卖场中空，没有任何货柜的引导，顾客在卖场中的浏览路径呈自由状态。

自由型通道的优点是便于顾客自由浏览，突出顾客在卖场中的主导地位，顾客不会有急切感。顾客可以根据自己的意愿随意挑选，看到更多商品，增加购买机会。它的缺点：首先是空间比较浪费；其次是无法引导顾客的购物路线，在客流比较大的卖场容易形成混乱。因此自由型通道设计通常用于价位相对比较高、客流量较少、面积较小的卖场（图2–14）。

图2–14　自由型通道

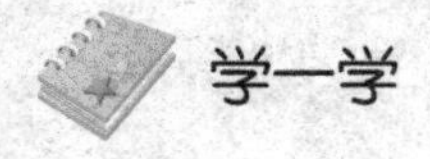

学一学

商品空间的划分

当货架都已经安排妥当，剩下的就是在货架里面做“填空”，把相应的服装商品填空到货架空间里。

一、等级规划

卖场销售区分为A、B、C区。A区为黄金区，是顾客关注度最高的区域，通常是位于卖场入口的陈列桌及卖场两侧第一组货架，是顾客先看到或是走到的区域，它是对品牌最初的介绍，也会告知消费者将会提供哪些产品。这也是唯一的一个好机会，能把最重要的信息明晰地传递给顾客。因此必须确保在主题区域内呈现强而有力的产品陈列来激励顾客进入店内。B区通常是位于卖场中部的中岛、门架等陈列组合，是畅销的量贩区域，适合陈列A区撤下的货品、次新款、基本款。C区是卖场中较偏、位于卖场后部、顾客最后到达或常被忽略的区域。适合陈列易于识别的款式或色彩鲜艳的货品或者是不受季节及促销影响的款式（图2–15）。

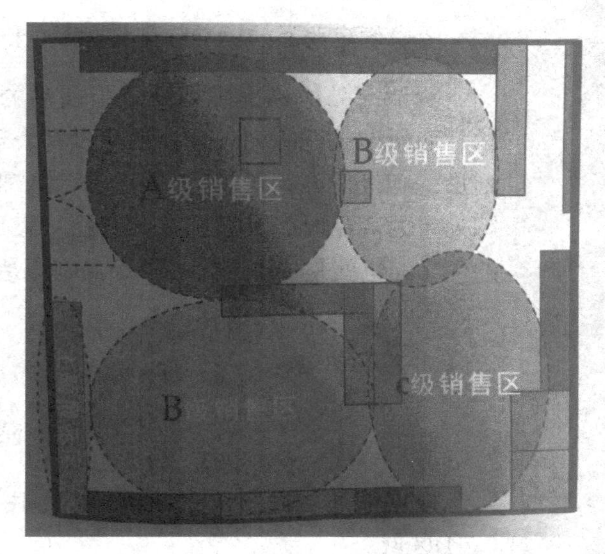

图2–15 A、B、C销售区

二、品类区域

很多品牌卖场都会划分出不同的区域，来陈列男子产品、女子产品和儿童产品。有组织地把货品进行归类，可以让顾客明确地去寻找所需的产品，同时在整个卖场内创造出产品的流动感。

三、系列产品区域

系列的产品陈列在一起，能阐述产品故事，方便顾客选购。系列产品区域的划分要注意体现分类的逻辑性，不同系列之间的过渡要非常流畅自然。比如NIKE系列产品，因为每个故事都会涉及到体育运动，所以产品系列的布局应当从运动系列产品开始，接着再是运动生活系列产品。

四、服饰色彩分区

将相同或相近色系的产品陈到在一起，讲述产品色彩故事。

五、根据服饰尺码

一般用于断码促销店。

六、根据服饰价格

一般用于特价促销店。

七、确定商品的标准陈列量和最低陈列

所谓商品的标准陈列量是指商品的陈列量达到最显眼并具有表现力的数量，而所谓最低陈列量是指商品没有表现力的数量。在商品管理上，当商品陈列量达到最低陈列量时，就可以认为该商品“卖空了”；在确定需要达到标准陈列量的商品时，其原则是该商品一般是能吸引顾客，达到高销售和较高利润的商品，也就是说不是每一种商品都应达到标准陈列量。

练一练

卖场的区域划分练习

根据下列平面图及三维示意图，用不同颜色的笔在平面图上画出A、B、C、D区域。

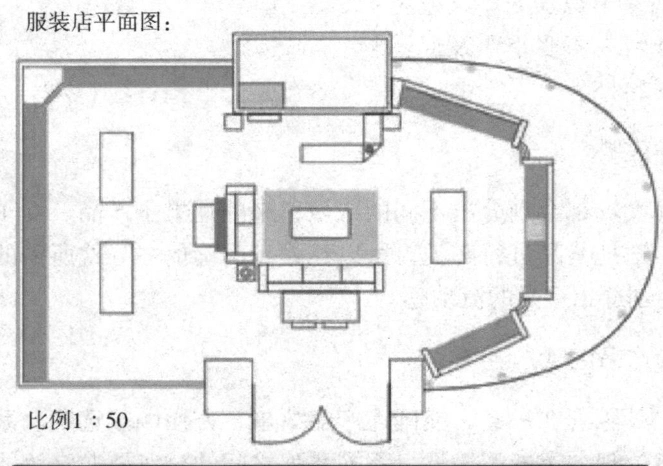

项目达标记录

	优秀	良好	合格	需努力	自评	组评
任务四	8分	7分	6分	5分		
任务五	5分	4分	3分	2分		
总分						

项目总结

	过程总结	活动反思
任务四		
任务五		

FASHION
DISPLAY
DESIGN

项目三
服装卖场陈列色彩与形态运用

项目引言

色彩是构成卖场陈列的基础。卖场根据服装品牌定位和风格不同，表现色彩的手法也会不一样，从而最终形成了千差万别的陈列风格。

商品的色彩是顾客进入店铺首先注意到的，色彩展示的好坏直接影响顾客对商品的购买。作为服饰商品而言，服装款式多样、色彩丰富，在陈列的过程中应该更加注重对色彩的运用，以达到良好的视觉效果和商品的宣传作用。

本项目知识目标是通过实践，掌握品牌卖场整体色彩陈列和局部色彩搭配的运用；能力目标是能根据掌握的知识，针对具体的工作任务灵活运用。

基于以上的项目目标，本项目需要完成的任务是：

任务六：品牌卖场色彩陈列分析；

任务七：衣柜式色彩和形态构成练习。

项目实施

任务六：品牌卖场色彩陈列分析

1. 任务目标

通过实际的任务分析，让学生了解卖场色彩配置的重要性，领悟色彩规划的原则。

2. 基本任务程序和考核要求

（1）分组：一组4～5人。

（2）任务分析：通过调查陈列面色彩、单柜色彩及卖场总体色彩规划的调查，完成调研报告，并提出相应的意见和图片说明。

（3）评价：完成下列调研报告样稿并进行分析。

<table>
<tr><td colspan="2">××陈列色彩规划调研报告</td></tr>
<tr><td>××服装品牌简介：
（文字）</td><td>卖场总体色彩规划</td></tr>
<tr><td>风格说明：
（文字）</td><td rowspan="6">（文字+照片）</td></tr>
<tr><td>产品分类：
（文字+照片）</td></tr>
<tr><td>陈列面色彩规划</td></tr>
<tr><td>（文字+照片）</td></tr>
<tr><td>单柜色彩规划</td></tr>
<tr><td>（文字+照片）</td></tr>
</table>

查一查

色彩的基础知识

走进商家，看到各大服装品牌以及它们的各色橱窗，“第一吸引你的要素是什么？”科学地讲，构成视觉陈列的要素很多，并且相辅相成，共同发挥作用。但是如果非要一个明确地答复，那就是“色彩！”“从色彩入手！”

俗话说“远看色，近看花”，说的便是当人们在远处观察一处景物时，细节元素是看不清的，大体的色彩表现会给人第一感官印象。同样，当我们远远地在店铺林立、柜台交替的卖场环境中看到某家店铺或某件服装时，最先映入眼帘的是色彩印象，走近了才能看清店铺的名称或者服装的花型。

“顾客第一眼看到的正是色彩”也印证了美国营销界总结出的“7秒定律”——消费者通常会在7秒钟内决定其购买意愿，而在这短短7秒内，色彩印象占67%的决定因素。因此，作为视觉营销的陈列设计，色彩是第一要素。

卖场的色彩变化规律，是建立在色彩基本原理的基础上的，只有扎实地掌握色彩的基本原理，才能根据卖场的特殊规律灵活运用（图3-1、图3-2）。

图3-1　色彩陈列1 ►

图3-2　色彩陈列2 ▼

1. 色彩的相关名词及解释

（1）三原色。

原色是最基本的色彩，是无法调和出来的颜色。三原色具有最大的混合色域，理论上说，三原色可以混合出其他所有色彩（图3-3）。

（2）色相、明度、纯度。

色相：指色彩的相貌的名称。任何黑、白、灰以外的颜色都有色相的属性，而色相是由原色、间色和复色构成的，它们井然有序的环形排列，就形成了色相环（图3-4）。

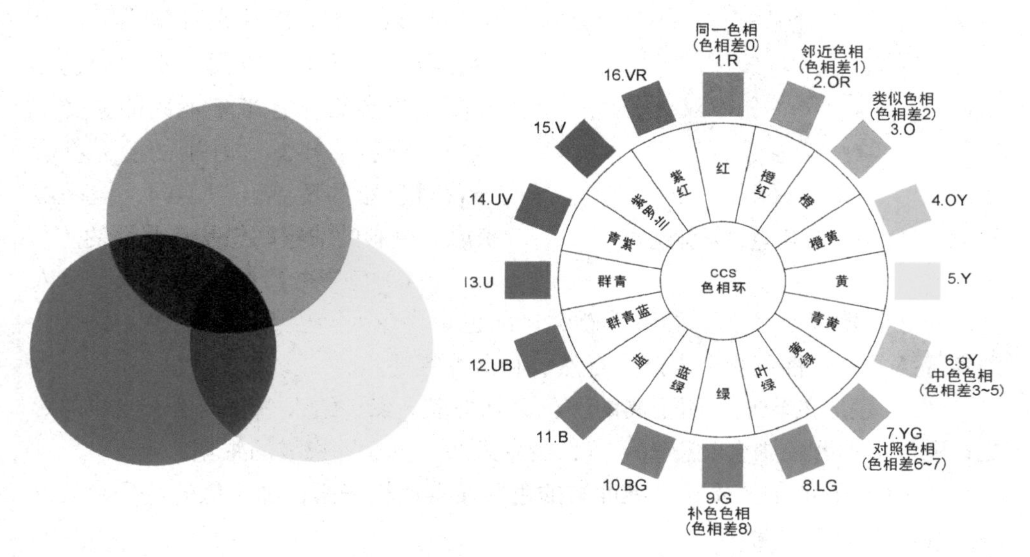

图3-3　三原色　　图3-4　色相环

明度：指色彩的明亮的程度。

纯度：色彩的纯净的程度。

（3）冷色、暖色、中性色。

冷色、暖色是指色彩给人以冰冷或温暖等不同感觉的色彩。

中性色也称无彩色，由黑、白、灰几种色彩组成。中性色常常在色彩的搭配中起间隔和调和的作用，在陈列中运用非常广泛。善于使用中性色，对服装陈列将起到事半功倍的效果。

（4）类似色和对比色。

色彩根据色相环上的相邻的位置不同，一般分五种色彩：邻近色、类似色、中差色、对比色、互补色。在实际的运用中，我们一般把它分成两大类：类似色和对比色。也就是将色环中排列在60度之内的色彩统称为类似色，把成110度至180度的色彩统称为对比色。

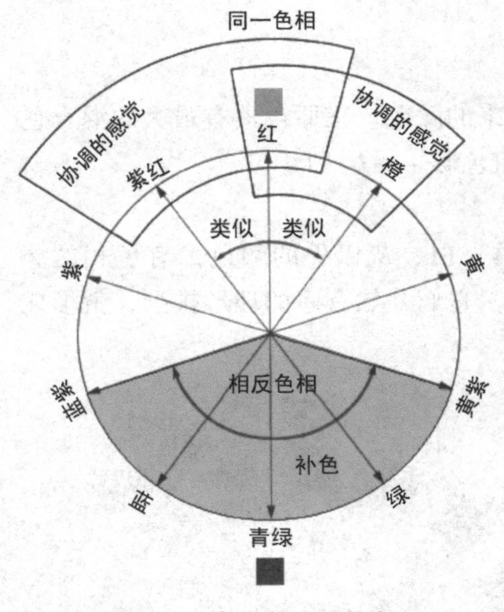

图3–5　类似色、互补色

类似色的搭配有一种柔和、秩序、和谐的感觉，大多用于卖场内货架的陈列。对比色的搭配色彩的视觉冲击力强，一般用于橱窗的陈列或在卖场中作一些点缀的作用，以吸引顾客视线、调节顾客的情绪（图3–5）。

2. 色彩的情感作用

不同的颜色会使人产生不同的感情和联想，主要反映在日常生活的经验、习惯、环境等方面。不同的色彩搭配，也会给顾客带来不同的感受，地域、民族、年龄、性别的差异都会导致对色彩的情感认识不同，但一般来说，色彩的情感联想是有共性的。

（1）色彩的冷暖：暖色系会令人产生热情、明亮、活泼、温暖等感觉；冷色系会令人产生安详、沉静、稳重、消极等感觉；中性色会令人产生自然、和谐等感觉。

（2）色彩的轻重：明度高的颜色会觉得清一点，给人一种轻松、明快的感觉；明度低的颜色则会觉得重一点，会令人产生沉稳、稳重的感觉。

（3）色彩的华丽质朴：纯度高的色彩显得比较华丽；纯度低的色彩给人一种质朴、柔和的感觉。

（4）色彩的膨胀收缩：在同样体积的空间里，明度高的颜色会让人有膨胀感；明度低的颜色有收缩感。

（5）色彩的前进或后退性：明度高的有前进感；明度低的有后退感。

（6）色彩的软硬：明度高的颜色会让人觉得柔软一些；而明度低的颜色会让人觉得坚硬一些。

	色相	明度	彩度
色彩的冷暖	◎		
色彩的轻重		◎	
色彩的软硬	○	◎	
色彩的华丽质朴			◎
色彩的膨胀收缩	○	◎	○
色彩的前进或后退性	◎	○	○

◎ 特别有关系的属性
○ 有关系的属性

想一想

服装陈列中色彩的特性?

服装是流行的产物，在它身上不光包含了物质层面的东西，也包含了精神层面的东西。服装同其他商品相比，也具有自身的一些特点，只有充分掌握其特点，才能更好地完成服装卖场的色彩规划。

根据服装的产品特点、销售手法、销售对象进行分析，服装的色彩特点主要归纳有以下几点：

1. 多样性

多系列、多色彩共存在一个卖场中是服装的一个特点。每一个服装品牌都有自己特定的消费群，但是即使在同一群消费者中，其审美观也有所差异。因此，为了满足不同消费者的需求，每个品牌都会在每一季中推出几个风格不同的系列，通常会有3～4个系列，这些系列的色彩和款式也有所不同，这样，一个卖场中就会出现多个色彩并存的状况。多色系的卖场也在考验陈列师对整个卖场的色彩控制和调配的能力。

2. 变化性

服装是一种季节性非常强的商品，因季节气候的变化更换非常频繁，因此卖场中的色彩搭配也由此变得复杂。特别是在两个季节交替的时候，卖场中经常会出现两季服装并行的状态。因此怎样安排好卖场中不断变化的色彩，衔接好季节交替时卖场中前后两季节服装的色彩，也是陈列师应该具备的技能（图3-6）。

图3-6　服装色彩的变化

3. 流行性

服装是商品中最具有流行感的东西，每年一些国际流行色机构都会推出一些新的流行色，因此，陈列师不仅要学习常规的色彩搭配方法，还要不断地观察和发现新的流行色彩搭配方式，推陈出新，为卖场中的色彩规划不断注入新的内涵。

学一学

卖场色彩规划的操作要点

卖场中的色彩布置不仅要重视细节，更要重视总体的色彩规划。成功的色彩规划不仅要做到协调、和谐，而且还应该有层次感、节奏感，能吸引顾客进店，并不断在卖场中制造惊喜，更重要的是能用色彩来诱导顾客购买的欲望。一个没有经过规划的卖场常常是杂乱无章或平淡无奇的，顾客在购物时容易视觉疲劳，没有激情。卖场的色彩规划要从大到小，即先从卖场总体色彩规划，再到卖场陈列面色彩规划，再到单柜的色彩规划，这样才能做到既在整体上掌握卖场的色彩走向，同时又可以把握细节。

1. 体现卖场服装的分类特点

每个服装品牌根据其品牌特点、销售方式、消费群的不同，对卖场中服装都有特定的分类方式。卖场的商品分类通常有按系列、按类别、按对象、按原料、按用途、按价格、按尺寸等几种方法（图3–7）。

图3–7　卖场服装的分类

不同的分类方式，在色彩规划上采用的手法也略有不同，因此在做色彩规划之前，一定要搞清楚本品牌的分类方法，然后根据其特点可以有针对性地进行不同的色彩规划。

2. 把握卖场的色彩平衡感

一个围合而成的卖场，通常有四面墙体，也就是四个陈列面。而在实际的应用中，最前面的一面墙通常是门和橱窗，实际上剩下的就是三个陈列面——正面和两侧。这三个陈列面的规划，我们既要考虑色彩明度上的平衡，又要考虑三个陈列面的色彩协调性（图3-8）。

图3-8　卖场的色彩平衡

如卖场左侧的陈列面色彩明度较低、右边的色彩明度高，就会造成卖场一种不平衡的感觉，好像整个卖场向左边倾斜一般。

卖场陈列面的总体规划，一般要从色彩的一些特性进行规划。如根据色彩的明度的原理。将明度高的服装系列放在卖场的前部。明度低的系列放在卖场的后部，这样可以增加卖场的空间感。对于同时有冷暖色、中性色系列的服装的卖场，一般是将冷暖色分开，分别放在左右两侧，面对顾客的陈列面可以放中性色或对比度较弱的色彩系列。

3. 制造卖场的色彩节奏感

一个有节奏感的卖场才能让人感到有起有伏、有变化。节奏的变化不光体现在造形上，不同的色彩搭配同样可以产生节奏感。色彩搭配的节奏感可以打破卖场中四平八稳和平淡的局面，使整个卖场充满生机。卖场节奏感的制造通常可以通过改变色彩的搭配方式来实现（图3-9）。

图3-9　色彩的节奏

（1）渐变节奏：服装陈列中，服装产品色彩按一定的秩序进行排列，如由前到后、由上到下、由疏到密，让其产生起伏有序的美感，称为渐变节奏。

（2）重复节奏：将单一展品连续反复或将同一色相、明度、彩度的多件展品连续反复排列，形成此起彼伏、富有动感的视觉效果，叫连续反复。将两个不同的展品交替陈列，叫交错反复。这两种反复产生的节奏，称为重复节奏。

任务七：衣柜式色彩和形态构成练习

1. 任务目标

通过实际训练，掌握色彩、形态和组合陈列的知识点，并能对知识点融会贯通，针对具体工作任务综合、灵活运用。

2. 基本任务程序和考核要求

（1）分组：每人一组。

（2）任务分析：为自己家的衣柜进行色彩搭配练习，掌握各种方法的运用。

（3）作业评价：每人完成三种陈列方式，并以照片的形式上交。

学一学

女装卖场基本色彩陈列方式

卖场色彩的陈列方式有很多，这些陈列方式都是根据色彩的基本原理，再结合实际的操作要求变化而成的。主要是将千姿百态的色彩根据色彩的规律进行规整和统一，使之变得有序列化，使卖场的主次分明，易于消费者识别与挑选。我们在掌握了色彩的基本原理后，根据实际经验，还可以创造出更多的陈列方式。

无论卖场中什么样的陈列方式，其色彩的搭配方式主要有以下几种（图3-10）：

A. 类似色搭配　B. 对比色搭配　C. 中性色搭配　D. 中性色和彩色搭配

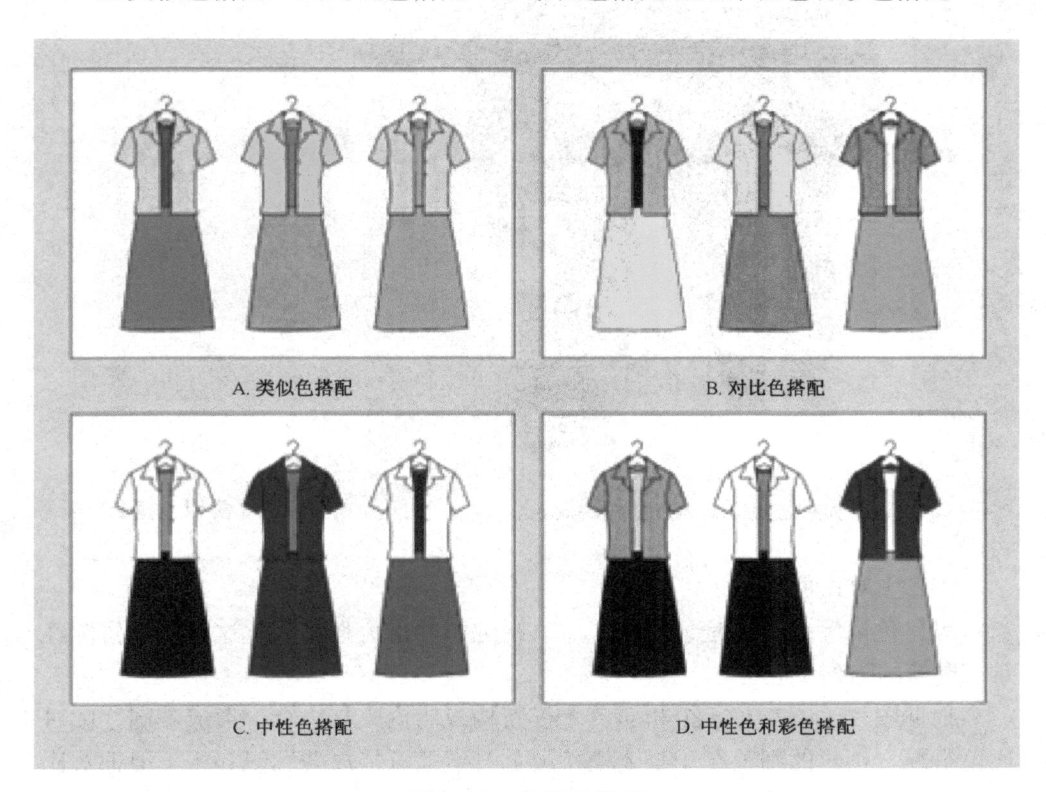

图3-10　色彩的搭配

这四种色彩搭配方式不光运用在单套服装上，它还可以按照色彩组合的原理灵活运用。

（一）类似色搭配

产生一种柔和、宁静的感觉，使服装搭配系列化，有利于卖场整体氛围的营造。它是卖场中使用最多的一种搭配方式。

根据图片（图3-11）分析：中高档女装的展台，包括服饰的蓝色系类似色搭配。针织衫平面展示姿势优雅，皮包提带一张一弛，丝巾柔美的曲线，每个细节都显现出该品牌简洁、精致的风格。

图3-11　类似色搭配

（二）对比色搭配

对比色搭配的特点是色彩较强烈、视觉的冲击力强，因此这种色彩搭配经常在橱窗的陈列中应用。

根据图片（图3-12）分析：三个模特构成店内人台组合，形成不同程度对比色搭配，精彩的细节在于坐姿模特腿上看似随意搭放的针织衫，不但把对比进行到底，还将模特之间、模特和左侧卖场之间用色彩联系一起。对比色搭配

的特点是色彩比较强烈、视觉的冲击力比较大。因此这种色彩搭配经常在陈列中应用，特别是在橱窗的陈列中。

图3-12　对比色搭配

对比色搭配在卖场应用时还分为：服装上下装的对比色搭配、服装和背景的对比色搭配。

（三）中性色搭配

中性色搭配会给人一种沉稳、大方的感觉。黑白是我们常见的中性色，它不仅在色彩明度上保持距离，同时还给人一种整洁、明净的感觉。

根据图片（图3-13）分析：左右两个模特靴子和裙子黑白两色的互换，使看似简单的橱窗在色彩上变得富有变化。

（四）中性色和彩色搭配

卖场里中性色面积过多，会让人感觉单调和沉闷，在中性色中加入一些色彩，可以增加卖场的轻松气氛。

根据图片（图3-14）分析：黑白区域加入明度不高的粉色，顿时让卖场更有生气，按两件出样，服装底摆的长度也作了充分的考虑，靠近货架右侧行黄金分割处陈列连衣裙。

图3-13　中性色搭配

图3-14　中性色和彩色搭配

想一想

卖场中还有哪些其他的色彩组合?

色彩是依附在各种有机的形态上的，在卖场的陈列中，针对各种不同的女装陈列的方式，我们还可以对色彩进行不同的组合和运用。

1. 以侧挂为主区域

（1）渐变法

将色彩按明度深浅的不同依次进行排列，色彩的变化按梯度递进，给人一种宁静、和谐的美感，这种排列法经常在侧挂、叠装陈列中使用。

渐变法，具体有以下几种方式：

① 上浅下深：一般来说，人们在视觉上都有一种追求稳定的倾向。因此，通常我们在卖场中的货架和陈列面的色彩排序上，一般都采用上浅下深的明度排列方式。就是将明度高的服装放在上面，明度低的服装放在下面，这样可以增加整个货架服装视觉上的稳定感。在人模、正挂出样时我们通常也采用这种方式。但有时候我们为了增加卖场的动感，我们也经常采用相反的手法，即上深下浅的方式以增加卖场的动感（图3–15）。

图3–15　上浅下深排列法

② 左深右浅：实际应用中并不用那么教条，不一定要左深右浅，也可以是右浅左深，关键是一个卖场中要有一个统一的序列规范。这种排列方式在侧挂陈列时被大量采用，通常在一个货架

中，将一些色彩深浅不一的服装按明度的变化进行有序排列，使视觉上有一种井井有条的感觉（图3–16）。

图3–16　左深右浅陈列

③ 前浅后深：服装色彩明度的高低，也会给人一种前进和后退的感觉。利用色彩的这种规律，我们在陈列中可以将明度高的服装放在前面，明度低的放在后面。而对于整个卖场的色彩规划，我们也可以将明度低的系列有意放在卖场后部，明度高的系列放在卖场的前部，以增加整个卖场的空间感。

（2）间隔法

① 间隔排列法是通过两种以上的色彩间隔和重复产生了一种韵律和节奏感，使卖场中充满变化，让人感到兴奋。

② 卖场中服装的色彩是复杂的，特别是女装，不仅仅款式多，而且色彩也非常复杂，有时候在一个系列中很难找出一组能形成渐变排列和彩虹排列的服装组合。而间隔排列法对服装色彩的适应性较广，正好可以弥补这些问题（图3–17、图3–18）。

间隔排列法由于其灵活的组合方式以及其适用面广等特点，同时又加上其美学上的效果，使其在服装的陈列中广泛运用。间隔排列法看似简单，但因为在实际的应用中，服装不仅仅有色彩的变化，还有服装长短、厚薄、素色和花色服装的变化，所以就必须要综合考虑，同时由于间隔的件数的变化也会使整个陈列面的节奏产生丰富的变化。

图3-17　间隔法排列1

图3-18　间隔法排列2

艺术的最高境界是和谐，服装陈列的色彩搭配也是如此。在卖场中我们不仅要建立起色彩的和谐，还要和卖场中的空间、营销手法和导购艺术等诸多元素建立一种和谐互动的关系，这才是我们真正追求的目标。

（3）彩虹法

服装按色环上的红、橙、黄、绿、青、蓝、紫的排序排列，像彩虹一样，所以也称为彩虹法，它给人一种非常柔和、亲切、和谐的感觉。

彩虹排列法主要是在陈列一些色彩比较丰富的服装时采用的。不过，除了个别服装品牌，现实卖场色彩如此丰富的款式在单个服装品牌中还是很少的，因此实际应用机会相对较少（图3-19）。

图3-19　彩虹法排列

2. 正挂与侧挂结合区域（图3-20）

（1）中间正挂：可以有效地把货架再分为两个小区域，解决一些色彩或款式量比例较小的商品，当然也可以作为品牌陈列特有的风格固定下来。

（2）边缘正挂：靠近正挂一定要与侧挂有所呼应，切忌正挂色彩的货品和货柜中的服装脱离。

图3-20　中间正挂、边缘正挂

3. 展台展示区

展台俗称为流水台，主要是用来陈列能突出品牌风格或有代表性的服装，有些女装店铺也用此来陈列一些饰品，用以丰富卖场的陈列效果。展台的陈列可以做得有创意些，但必须和品牌风格相吻合。色彩要简洁（图3-21）。

图3-21　流水台

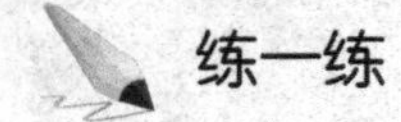

练一练

色彩搭配卖场分析

1. 小组活动，作一个简单的卖场色彩规划调研。
2. 用PPT完成色彩陈列搭配方式的案例分析，并做简单介绍。

项目达标记录

	优秀	良好	合格	需努力	自评	组评
任务六	5分	4分	3分	2分		
任务七	5分	4分	3分	2分		
总分						

项目总结

	过程总结	活动反思
任务六		
任务七		

项目四

服装陈列形式运用

项目引言

卖场陈列的基本形式是组成卖场规划的重要元素。卖场的陈列方式根据品牌定位和风格的不同也各有不同，但常规的主要有人模陈列、正挂陈列、侧挂陈列、叠装陈列等四种陈列方式。在卖场中运用各种形式美法则结合陈列方式形成了形态各异的陈列卖场。

本项目知识目标是通过实践掌握四种基本陈列方式的优缺点和了解服装陈列的形式美法则；能力目标是能根据具体的任务进行灵活运用。

基于以上的项目目标，本项目需要完成的任务是：

任务八：陈列基本形式的比较；

任务九：陈列形式美的运用。

项目实施

任务八：陈列基本形式的比较

1. 任务目标

通过练习，掌握人模、侧挂、正挂、叠装陈列的优缺点，提高对各种陈列方式的合理运用。

2. 基本程序和考核要求

（1）分组每人一组。

（2）任务分析：对已获得的任务进行分析，通过调研和资料信息搜集进行四种陈列形式的比较。

（3）作业评价：完成表格（需额外进行照片和文字的分析）。

陈列方式	展示效果	卖场利用率	取放和整理便捷性
人模陈列			
侧挂陈列			
正挂陈列			
叠装陈列			

各种陈列方式比较：★好　　☆差

查一查

卖场陈列要兼顾功能和艺术

在卖场的陈列规划中，功能和艺术就好象是一对无法分离的孪生姐妹，她们常常形影相随。所以我们在做卖场陈列方式规划时，既要考虑功能性，也要考虑艺术性。但也不能过分强调一面，因为卖场不是仓库，也不是一个纯粹的做秀场。

我们既要排除不符合营销规律、华而不实的陈列方式，也要避免只追求功能性的思维。毕竟，在一个张扬风格的年代，我们没有理由放过每一个可以散发品牌性格和个性的环节。

要真正做好一个科学的卖场规划，要求我们在规划之前，必须熟悉和了解以下的相关内容：

1. 充分了解人体工程学（图4–1）。
2. 理性地分析服装的陈列尺寸及陈列的基本形式。
3. 熟悉并了解终端的营销规律。
4. 充分理解品牌文化和风格。

Ⓐ 我们把货架的陈列区分为展示区、焦点区、容量区。
展示区：主要位于人体视平线上，用于展示产品。
焦点区：用于突出产品焦点。
容量区：用于储存产品。

Ⓑ 视平线：
此处为人体视平线及其范围。大部分顾客进入卖场时，总是习惯在视平线范围内搜寻自己感兴趣的目标，而展示区正好处于视平线范围内，所以展示区往往用正挂陈列。

Ⓒ 当顾客对一个产品感兴趣时，他能很自然很方便地拿到他想要的产品，这是人体工程学在陈列中的另一个应用，也就是说，你的陈列始终是方便顾客的。

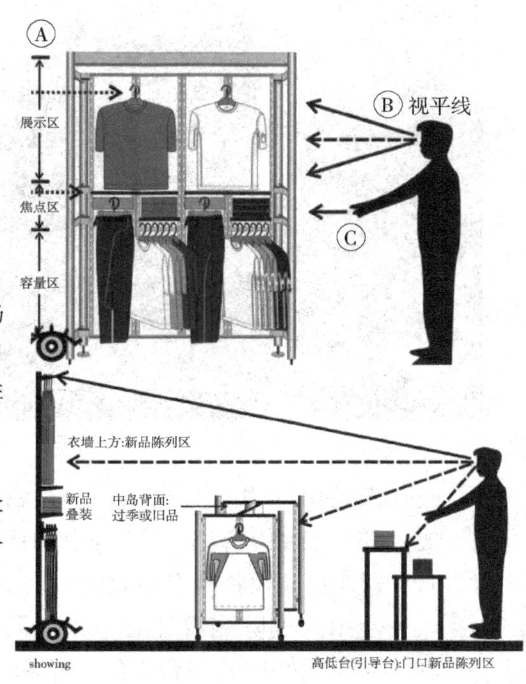

图4–1　人体工程学与服装陈列的关系

学一学

陈列的基本形式

卖场陈列的基本形式是组成卖场规划的重要元素。卖场的陈列方式根据品牌定位和风格的不同也各有不同，但常规的主要有以下几种陈列形式：

（一）人模陈列

就是把服装陈列在模特人台上，也称为人模出样。它的优点是将服装用更接近人体穿着状态进行展示，将服装的细节充分地展示出来。人模出样的位置一般都放在店铺的橱窗里或店堂里的显眼位置上，通常情况下用人模出样的服装，其单款的销售额都要比其他形式出样的服装销售额要高。因此店堂里用人模出样的服装，往往是本季重点推荐或能体现品牌风格的服装（图4–2）。

图4–2　人模陈列

人模出样也有其缺点：一是占用的面积较大，其次是服装的穿脱很不方便，遇到有顾客看上模特身上的服装，而店堂货架上又没有这个款式的服装时，营业员从模特身上取衣服就很不方便。

使用人模陈列要注意一个问题，就是要恰当地控制卖场中人模陈列的比例。人模就好比是舞台上的主角和主要演员，一场戏中主角和主要演员只可能是一小部分，如果数量太多，就没有主次。如果服装的主推款确实比较多的话，可以采用在人模上轮流出样的方式。

（二）侧挂陈列

侧挂陈列就是将服装呈侧向挂在货架横竿上的一种陈列形式（图4-3、图4-4）。

图4-3　侧挂陈列1

图4-4　侧挂陈列2

侧挂陈列的特点是：

1. 服装的形状保形性较好。由于侧挂陈列服装是用衣架自然挂放的，因此，这种陈列方式非常适合一些对服装平整性要求较高的高档服装，如西装、女装等。而对一些从工厂到商店就采用立体挂装的服装，由于服装在工厂就已整烫好，商品到店铺后可以直接上柜，可以节省劳动力。

2. 侧挂陈列在几种陈列方式中，具有轻松的类比的功能，便于顾客的随意挑选。消费者在货架中可以非常轻松地同时取出几件服装进行比较，因此，非常适合一些款式较多的服装品牌。

由于侧挂陈列取放非常方便的特点，在许多品牌里供顾客试穿的样衣一般也都采用侧挂的陈列方式。

3. 侧挂陈列服装的排列密度较大，对卖场面积的利用率也比较高。

由于侧挂陈列的这些优点，因此，侧挂陈列成为陈列中最主要的陈列方式之一，也是女装陈列中应用最广的陈列方式。

侧挂陈列的缺点是不能直接展示服装，只有当顾客从货架中取出衣服后，才能看清服装的整个面貌。因此，采用侧挂陈列时一般要和人模出样和正挂陈列结合，同时导购员也要做好对顾客的引导工作。

（三）正挂陈列

正挂陈列就是将服装以正面展示的一种陈列形式（图4–5）。

图4–5　正挂陈列

正挂陈列的特点是：

1. 可以进行上下装搭配式展示，

以强调商品的风格和设计卖点，吸引顾客购买。

2. 弥补侧挂陈列不能充分展示服装以及人模出样数受场地限制的缺点，并兼顾了人模陈列和侧挂陈列的一些优点，是目前服装店铺重要的陈列方式。

3. 正挂陈列既具有人模陈列的一些特点，并且有些正挂陈列货架的挂钩上还可以同时挂上几件服装，不仅起到展示的作用，也具有储货的作用。另外正挂陈列在顾客需要试穿服装时取放也比较方便。

（四）叠装陈列

叠装陈列就是将服装折叠成统一形状再叠放在一起的陈列形式（图4–6）。

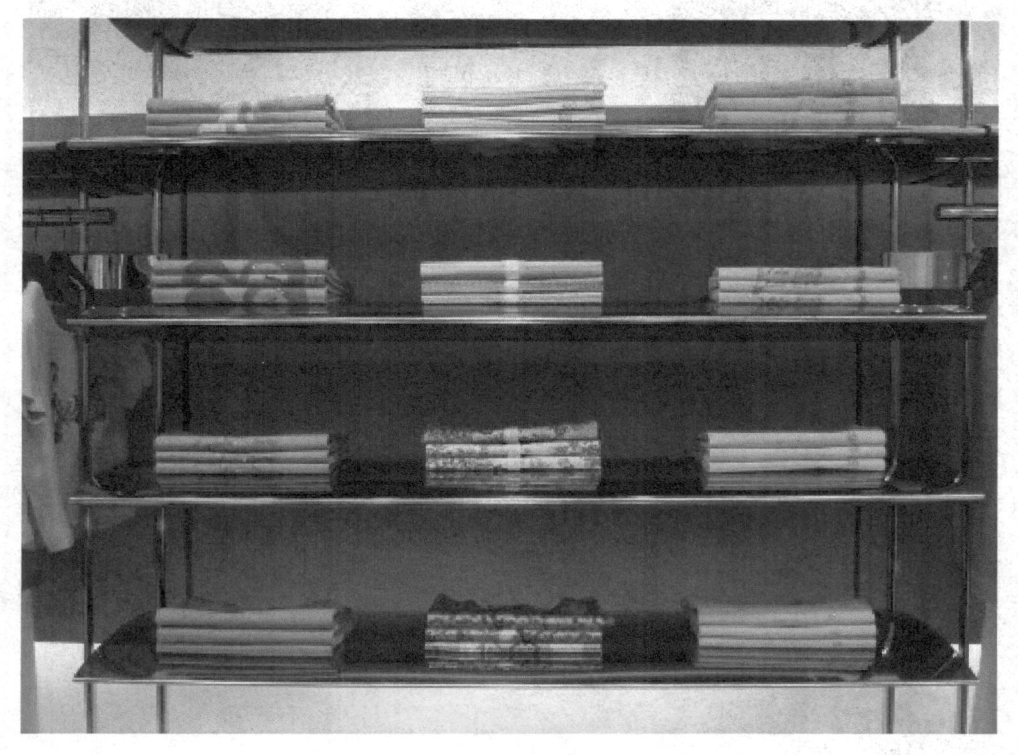

图4–6　叠装陈列

整齐划一的叠装不仅可以充分利用卖场的空间，而且还使陈列整体看上去具有丰富性和立体感，形成视觉冲击，同时为挂装陈列作一个间隔，增加视觉趣味。

叠装陈列形式常用于休闲装中，首先，是因为休闲装的陈列形式追求一种量感，特别是一些大众化的品牌，销售量比较大，需要有一定的货品储备，同时也追求店堂面积的最大化利用，给人一种量贩的感觉。其次，休闲装的服装面料也比较适合叠装的陈列方式。当然，其他服装品类，也有采用叠装的，但其陈列方式和目标会有些差别。

叠装陈列整理比较费时，因此，一般同一款叠装都需要有挂装的形式出样，来满足顾客的试样需求。

（五）其他辅助陈列

1. 放置性陈列（图4–7）

——并排：陈列架、展示桌。

——堆积：销售台、陈列台。

——投掷：花车、手推车。

图4–7 放置性陈列

2. 粘贴式陈列

——张贴：墙壁、画框网子。

——捆绑：细强绳、棍子。

3. 悬挂式陈列（图4–8）

——挂上。

——垂吊。

——悬挂。

4. 特殊陈列

——利用壁面。

——利用柱子。

图4–8　悬挂式陈列

——利用柜台。

——美化及布置性陈列。

——POP展示。

——直式陈列。

各式商品以垂直方式排列，顾客只要站定一点便可由上往下看，对商品的比较和选择也容易些。但要注意的是，若幅度太狭窄，容易产生眼花缭乱的情形，这是不可忽视的一点。所以，直式陈列的最小范围至少应有90cm，才能发挥效果（图4–9、图4–10）。

图4-9　变化陈列1

图4-10　变化陈列2

各种陈列方式都有其优点和缺点，每个品牌都必须根据自己品牌的特色，选择适合自己的陈列方式。

想一想

陈列的组合形式会是什么样呢?

（一）理性地规划卖场陈列形式

陈列的组合方式首先要从理性的角度出发，围绕着消费者的购物习惯和人体的尺度进行组合（图4-11）。

例如，一般我们会将重点推荐或正挂的服装，挂在货柜的上半部，因为这一部分正好在顾客最容易看到的黄金视野里，并且取放也比较方便。为了考虑顾客的购物习惯，在一组货柜中，除了安排正挂服装外，通常会安排一些侧挂的服装便于顾客试衣。另外，为了满足店铺销售额，还会留出叠装的区域作为服装销售储备。

在考虑叠装、正挂、侧挂的组合时，要根据品牌的定位和价格等因素灵活应用，如低价位的服装，通常叠装中每叠的件数比较多。这是因为，低价位服

图4-11　陈列形态组合

装的销售额主要靠提高销售件数来达到的，而一些高价位的服装对此要求就少些。一些高价位的服装也有叠装陈列形式，虽然也有货品储备的功能，但它更多是为了丰富卖场的陈列形式，制造一种情调和风格。

各种类别的服装品牌应根据自己品牌的产品定位及顾客的购买习惯，选择适合的陈列方式，并将各种陈列方式穿插进行，使卖场变得富有生机。

各种陈列方式的组合原则：

（1）要考虑消费者的购物习惯。

（2）要方便导购员的销售。

（3）尽量增加服装的展示机会。

（4）服装的展示方式要分清主次。

（5）各种展示方式要穿插进行，让简单的陈列方式呈现多种变化。

图4-12 陈列形态组合

（6）陈列的规划先要从大到小，先做整个卖场的规划，然后考虑整个立面，再考虑一组货架，再考虑单个货架的安排。这样做不仅总体的效果好，整个卖场也有节奏感，而且也增加工作效率（图4-12）。

（二）使卖场变得有艺术感

在理性地规划卖场以后，怎样使卖场变得和谐、有节奏，又是卖场陈列师一个新的任务。如果说每一组服装在服装设计师手里已经有一种组合方式的话，那么一个出色的陈列师还可以像一个指挥家一样，可以再一次对服装进行重新演绎。

一个卖场就如同一首乐曲，如果只有一种音符、一种节奏就会觉得比较单调，而太多的节奏和音符如果调控不好的话，又会变得杂乱无章。因此，一个好的卖场陈列师就好像一个成功的指挥家一样，可以调整各个乐器的声音的轻重、节奏，使卖场变得丰富多彩（图4-13）。

图4-13 卖场的节奏艺术感

女装品牌由于一般都采用侧挂装，陈列的方式比较单一，因此，可以预先在货架的设计上制造一些节奏感，如在侧挂柜之间穿插一些装饰品柜，镜子或叠装的柜。或使货架之间留一些间隔，产生节奏感。

当然我们也可以对货架的服装做一些变化。比如对一个排面都是侧挂装的货架，可以在一排侧挂的服装之间穿插一些正挂的服装，也可以采用色彩的不同排列来使服装得到一些变化。

卖场陈列师对卖场陈列面的规划说得通俗一点，有点像我们在学校里排的黑板报版面一样。

一块黑板报，假如版面上只有文字，只有一种编排的格式，并且从文字到标题全都是横排的，读者肯定会感到枯燥。一块吸引读者的黑板报，除了文章本身要精彩外，版面的编排一定要生动。因此，有时候要画一些插图，还要对一些文章排列进行变化，有的文章排成纵向，有的文章排成横向。这样一块黑板报的版面才会显得活泼、生动。

我们解构黑板报的版式，其实就像解构一组货架的陈列布局。排黑板报和服装陈列虽然是两种不同的工作，但是所采用的艺术手法都是相同的。排黑板报和搞陈列规划都是运用点、线、面的结合、穿插，呼应。只不过卖场还是立体的，陈列师在编排上不仅要考虑平面效果而且还要考虑空间的效果。

图例（如图4–14）中的这组陈列面，就如一块黑板报，侧挂的服装就像一篇纵向排列的文章。叠装部分就像横向排列的文章，正挂的服装就像是一幅插图，整个版面由于有纵有横，线面穿插，就显得非常生动（图4–15、图4–16）。

图4–14 陈列面陈列

图4-15 陈列组合1

图4-16 陈列组合2

练一练

练练叠衬衫和T恤

请同学们自行准备好衬衫和T恤或者其他的衣物，进行规范叠装练习。

任务九：陈列形式美的运用

1. 任务目标

通过任务练习，掌握陈列的形式美，提高学生对陈列的综合驾驭能力和动手能力。

2. 基本程序和考核要求

（1）分组：4～5人。

（2）任务分析：每组携带同种风格的服饰品若干、桌布一块。通过调研和所学知识进行流水台的布置。充分掌握对称法、均衡法、重复法。

（3）作业评价：自由设计计1次分数，教师指导改正后计1次分数，综合分数为此次任务的最后得分。

学一学

陈列的形式美

服装是一门制造美丽的产业，卖场里的陈列规划同样要给人以一种美感。卖场里的陈列形式在充分考虑功能性和基本组合方式后，接下来要考虑的就是陈列方式的形式美。

从人们的审美情趣来看，人们一般喜欢两种形式的形式美，一种是有秩序的美感。另一种是破常规的美感。

前者给人一种平和、安全、稳定的感觉。后者表现一种个性、刺激、活泼的感觉。

虽然两种形式美都在卖场中出现过，但总体来说，从人们审美习惯来看，有秩序的美感在卖场中应用更广泛些，因为它比较符合人们的欣赏习惯，同时，在一个服装款式缤纷多彩的卖场里，我们更需要的是一种宁静、有秩序的感觉。

从卖场陈列的形式美角度分析，目前卖场陈列常用组合形式主要有：对称、均衡、重复等几种。

（一）对称法

卖场中的对称法就是以一个中心为对称点，两边采用相同的排列方式。给人的感觉是稳重、和谐的感觉。这种陈列形式的特征是：具有很强的稳定性，给人一种有规律、秩序、安定、完整、平和的美感。由于对称法的这些特征，因此，在卖场陈列中被大量应用（图4–17）。

图4–17　陈列形式美的对称法

对称法不仅适合比较窄的陈列面，同样也适应一些大的陈列面。当然在卖场中过多的采用对称法，也会使人有四平八稳、没有生机之感。因此，一方面对称法可以和其他陈列形式结合使用，另一方面，我们在采用对称法的陈列面上，还可以进行一些小的变化，以增加陈列面的变化。

（二）均衡法

卖场中的均衡法打破了对称的格局，通过对服装、饰品的陈列方式、位置的精心摆放，来重新获得一种新的平衡。均衡法既避免了对称法过于平和、宁静的感觉，同时也在秩序中重新营造出一份动感（图4-18）。

图4-18　陈列形式美的均衡法

另外，卖场中均衡法常常是采用多种陈列方式组合，一组均衡排列的陈列面常常就是一个系列的服装。所以，在卖场用好均衡法既可以满足货品排列的合理性，同时也给卖场的陈列带来几分活泼的感觉。

（三）重复法

卖场的重复法是指服装或饰品在一组陈列面或一个货柜中，采用两种以上的陈列形式进行多次交替循环的陈列手法（图4-19）。

多次的交替循环就会产生节奏，让我们联想到音乐节拍的高低、强弱、和谐、优美，因此，卖场中的重复陈列常常给人一种愉悦的韵律感。

卖场中的各种陈列方式往往不是孤立的，而是相互结合和渗透的，有时候在一个陈列面中会出现几种不同的陈列方式，而且卖场的陈列方式也远不止这些。在熟悉卖场各种功能和充分了解艺术的基本规律后，我们就可以自由地在艺术和商业之间漫步，并且我们还可以不断地创造出更多的陈列方式（图4-20）。

图4-19　陈列形式美的重复法

图4-20　陈列方式组合运用

查一查

卖场陈列的关键因素及要领

（一）卖场陈列的关键因素

1. 明亮度

店内的基本照明须保持一定的明亮度，使顾客在选购参观时，能看得清楚，而商品本身也可借此突显其独特之处。也可利用照明、色彩和装饰来制造气氛，集中顾客的视线（图4–21）。

图4–21　卖场的明亮度

2. 陈列高度

商品陈列架的高度一般以90～180cm最为普遍，而顾客胸部至眼睛的高度是最佳陈列处，有人称此为“黄金空间”（图4–22），可陈列一些有特色、高利润的商品。其他空间可以这样陈列：

（1）上层：陈列一些具代表性、有“感觉”的商品，例如分类中的知名商品。

（2）中层：陈列一些稳定性商品。

（3）下层：陈列一些较重的商品，以及周转率高、体积也大的商品。

图4-22　陈列架的高度

3. 陈列种类

按照商品本身的形状、色彩及价格等的不同，适合消费者选购参观的陈列方式也各有不同。一般而言，可分为：

（1）体积小者在前，体积大者在后。

（2）价格便宜者在前，价格昂贵者在后。

（3）色彩较暗者在前，色彩明亮者在后。

（4）季节商品、流行品在前，一般商品在后。

（二）卖场陈列的要领

1. 隔物板的有效运用：用以固定商品的位置，防止商品缺货而不察，维持货架的整齐度（图4-23）。

2. 面朝外的立体陈列，可使顾客容易看到商品。

图4-23　陈列整齐

3. 标价牌的张贴位置应该一致，并且要防止其脱落。若有特价活动，应以POP或特殊标价牌标示。

4. 商品陈列由小到大，由左而右，由浅而深，由上而下。

5. 货架的分段（图4-24）：

（1）上层：陈列一些具代表性、有“感觉”的商品，例如分类中的知名商品。

（2）黄金层：陈列一些有特色、高利润的商品。

（3）中层：陈列一些稳定性商品。

（4）下层：陈列一些较重的商品，以及周转率高、体积也大的商品。

图4-24　陈列货架分段

（5）集中焦点的陈列：利用照明、色彩和装饰，来制造气氛，集中顾客的视线。

（6）季节性商品的陈列。

想一想

卖场陈列有哪些注意事项？

1. 面朝外的立体陈列，可使顾客容易看到商品。

2. 商品标签向正面，可使顾客一目了然，方便拿取，并且要防止其脱落，也是一种最基本的陈列方式。若有特价活动，应以POP或特殊标价牌标示。

3. 商品陈列：由小到大，由左而右，由浅而深，由上而下。

4. 最上层的陈列高度必须统一。根据商品的高度，灵活地调整货架，可使陈列更富变化，并有平衡感（图4–25）。

5. 商品的纵向陈列：也就是所谓的垂直陈列，眼睛上下移动比左右移动更加自在及方便，也可避免顾客漏看陈列的商品。

6. 隔板的利用，可使商品容易整理，且便于顾客选购。尤其是小东西，更应用隔板来陈列（图4–26）。

图4-25　陈列规格1

图4-26　陈列规格2

7. 保持卖场清洁，并注意卫生。

8. 割箱陈列的要点：切勿有切口不平齐的情形，否则会给人不佳的印象。

9. 在门市的入口处，应稍加标示（如制作简易的平面图），以使顾客对店内商品配置略有概念。

10. 在最靠近入口处所配置陈列的，必须是周转率极高的商品，对自助消费者而言，能尽快开始购买商品是很重要的。

11. 在距离入口处次远的地方所配置陈列的，应该是能够吸引顾客视线，而且单位数量不是很大的商品。

12. 日常性消费品及相关的商品必须配置陈列在邻近的区域。

13. 畅销的产品必须平均配置在所有的走道上。

14. 设计行走线路时必须使每一个走道都能有一些吸引顾客的商品。

15. 属冲动性购买的商品，必须配置在主要走道上，或是靠近主要走道的地方。

16. 走道的宽度必须能够容许两部手推车交会而过，也就是说，最少要有18 cm。

17. 主要走道最少要有25～40 cm的宽度。

18. 对男性而言，服装陈列的高度最适当为85～135 cm，女性则为75～125 cm。

练一练

陈列基本要领知识练习

1. 根据四种陈列方式的特点，自选市场上任意两个服装品牌，分析其陈列方式的运用。

2. 用PPT完成陈列构成形式的案例分析，并作简单介绍。

3. 通过小组练习，完成系列服装的组合陈列练习。

4. 通过调研，搜集特别陈列的案例，并进行分析。

项目达标记录

	优秀	良好	合格	需努力	自评	组评
任务八	5分	4分	3分	2分		
任务九	5分	4分	3分	2分		
总分						

项目总结

	过程总结	活动反思
任务八		
任务九		

FASHION
DISPLAY
DESIGN

项目五 服装橱窗陈列设计

项目引言

服装店橱窗陈列越来越受到关注，因为不管是闹市区的街头，或是商场里的柜台，“门面”的设计对一个品牌、一种商品都非常重要。如何让“门面”设计更吸引顾客的眼球？如何利用“橱窗陈列设计”带动销售呢？本项目的知识目标为掌握橱窗的不同分类方法、原则、橱窗的主题提炼等内容，能力目标为具有橱窗创意设计与实施能力。

根据这些要求，需要完成的任务为：

任务十：调研不同类型的橱窗；

任务十一：橱窗陈列设计。

项目实施

任务十：调研不同类型的橱窗

1. 任务目标

通过任务训练，掌握不同类型的橱窗陈列的基本原则和手法，及不同类型橱窗的区别。

2. 基本程序和考核要求

（1）分组：一组4～5人。

（2）任务分析与内容：调研不同类型的橱窗，采集与整合橱窗信息。要求调研总结内容翔实，搜集的资料和信息真实有效，对橱窗的四大基本原则进行打分。

（3）作业评价：制作PPT并分组演讲。

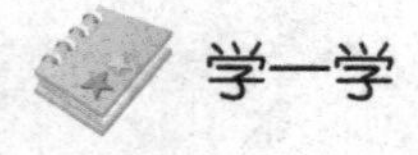

学一学

橱窗的分类和作用

（一）橱窗的分类

（1）按位置的分布进行划分：有店头橱窗、店内橱窗。

（2）按装修的形式划分：有通透式、半通透式、封闭式（图5–1、图5–2）。

图5-1　通透式橱窗

图5-2　半通透式橱窗

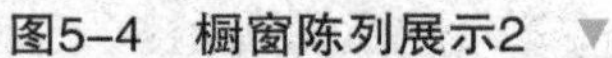
图5-3 橱窗陈列展示1 ▲

（3）按橱窗中的构成元素划分：每个橱窗根据设计需要的不同，通常会采用不同的构成元素，最常见的有人模、服装、道具、背景、灯光几种元素组成。

（二）橱窗的作用

每次当我分别扮演一个观光客和一个陈列师这两种角色去看橱窗时，对橱窗的感受总有一些不同。一个观光客可以只把橱窗当成一个艺术品，饱饱眼福就行了，英语叫做WINDOWS SHOPPING，意思只看不买。而陈列师却要在把橱窗变成艺术品后，还要想着怎样再把观光客变成顾客，哪怕是一个明天的顾客。

橱窗是艺术和营销的结合体，它的作用是促进店铺的销售，传播品牌文化（图5-3、图5-4）。

图5-4 橱窗陈列展示2 ▼

因此，促销是橱窗展示的主要目的。为了实现营销目标，陈列师通过对橱窗中服装、模特、道具以及背景广告的组织和摆放，来达到吸引顾客、激发其购买欲望，进而达到销售的目的。

另一方面，橱窗又承担着传播品牌文化的作用。一个橱窗可以反映一个品牌的个性、风格和对文化的理解，是一个非常好的传播工具。

由于橱窗这些作用，因此，在橱窗的设计思路上也呈现各种不同的风格。一种设计比较强调销售的信息，采用比较直接的营销策略，除了服装的陈列外，还会布置一些POP海报，追求立竿见影的效果，让顾客看了以后可以马上进店。

而另一种设计比较强调品牌文化的信息，除了服装以外，其他商业的信息比较少，橱窗更多强调艺术的感觉。手法比较间接，格调也比较高雅，追求一种日积月累的宣传效应。顾客看了橱窗后可能今天不一定进去，但会把品牌的概念留在脑中，可能成为潜在的消费者。

第一种设计思路：效果明显、直白。一般来说适应对价格比较敏感的消费群，以及中低价位的服装品牌，或需要在短时间内达到营销效果的活动，如打折、新货上市、节日促销等活动（图5–5）。

图5–5　橱窗打折促销

第二种设计思路：表达比较含蓄，一般来说中高价位的服装品牌采用得比较多些，适合针对注重产品风格和文化消费群的品牌。或者也可在为了提升和传播品牌形象的时候采用。

在实际的应用中，有时候这两种风格往往是结合在一起的，只不过侧重面不同而已。各品牌对这两种设计思路还会穿插进行运用（图5–6）。

检验橱窗设计是否成功的一个重要指数就是顾客的进店率，但因为两种橱窗的表现手法不同，检验标准也是不同的。第一种是要通过短时间来检验顾客的进店率。第二种顾客进店率则要通过一个较长的时间来综合评定。两种橱窗的设计思路虽然有些不同，但最终的目标还是一样的，就是吸引顾客进店。

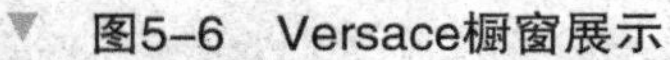

图5–6　Versace橱窗展示

查一查

橱窗设计的基本原则

橱窗是卖场中有机的组成部分，它不是孤立的。在构思橱窗的设计思路前必须要把橱窗放在整个卖场中去考虑。另外，橱窗的观看对象是顾客，我们必须要从顾客的角度去设计规划橱窗里的每一个细节。

（一）考虑顾客的行走视线

虽然橱窗是静止的，但顾客却是在行走和运动的。因此，橱窗的设计不仅要考虑顾客静止的观赏角度和最佳视线高度，还要考虑橱窗自远至近的视觉效果，以及穿过橱窗前的“移步即景”的效果。为了使顾客在最远的地方就可以看到橱窗的效果，我们不仅要在橱窗的创意上做到与众不同、主题简洁，还要在夜晚适当地加大橱窗里的灯光亮度，一般橱窗中灯光亮度要比店堂中提高50%～100%，照度要达到1 200～2 500 Lx。另外，顾客在街上的行走路线一般是靠右行的，通过专卖店时，一般是从商店的右侧穿过店面。因此，我们在设计当中，不仅要考虑顾客正面站在橱窗前的展示效果，也要考虑顾客侧向通过橱窗时所看到的效果（图5–7）。

▼ 图5–7　橱窗要考虑顾客的行走路线

图5-8 橱窗要和卖场形成一个整体

（二）橱窗和卖场要形成一个整体

橱窗是卖场的一个部分，在布局上要和卖场的整体陈列风格相吻合，形成一个整体，如果把卖场比喻成一本书，那橱窗就是封面，我们知道封面的设计风格必须和内页的版式要协调。特别是通透式的橱窗设计不仅要考虑和整个卖场的风格相协调，更要考虑和橱窗最靠近的几组货架的色彩的协调性（图5-8）。

在实际的应用中，有许多陈列师在陈列橱窗之时，却往往会忘了卖场里的陈列风格。结果我们常常看到这样的景象：橱窗的设计非常简洁，而里面却非常繁复；或外面非常现代，里面却设计得很古典。

（三）要和卖场中的营销活动相呼应

橱窗从另一角度看，也如同一个电视剧的预告，它告知的是一个大概的商业信息，传递卖场内的销售信息，这种信息的传递应该和店铺中的活动相呼应。如橱窗里是“新装上市”的主题，店堂里陈列的主题也要以新装为主，并储备相应的新装数

量以配合销售的需要（图5–9）。

（四）主题要简洁鲜明，风格要突出

我们不仅仅要把橱窗放在自己的店铺中考虑，还要把橱窗放大到整条街上去考虑。在整条街道上，其实你的橱窗只占小小的一段，如同一个影片中的一段，转瞬即逝。顾客在你的橱窗前停留也就是小小的一段时间。因此，橱窗的主题一定要主题鲜明，不要这也要宣传，那也要宣传。要用最简洁的陈列方式告知顾客你要表达的主题（图5–10）。

图5–9　要和卖场中的营销活动相呼应

图5–10　主题要简洁鲜明，风格要突出

练一练

搜集不同风格的橱窗资料

搜集世界各地各种风格的橱窗资料，制作一份具有橱窗分类特点及设计风格特征的报告。

任务十一：橱窗陈列设计

1. 任务目标

通过任务训练，掌握橱窗陈列的基本原则和方法，并能够独立完成橱窗设计方案。

2. 任务基本程序和考核要求

（1）分组：每人一组。

（2）任务分析：对目标品牌进行品牌历史、理念、风格、产品特点等调研，为其进行新一季的橱窗设计。

（3）作业评价：搜集图片资料并绘制橱窗图案稿，讲述创意理念。

想一想

橱窗人模的组合形式有哪些?

模特道具和服装是橱窗中最主要的元素，一个简洁到极点的橱窗也会有这两种元素，同时这两种元素也决定了橱窗的基本框架和造型，因此，学习橱窗的陈列方式可以先从人模的组合排列方式入手。

人模的不同组合和变化会产生间隔、呼应和节奏感。不同的排列方式会给人不同的感受。

在改变人模排列和组合的同时，我们还可以从改变人模身上的服装搭配来获更多趣味性的变化。另外，在同一橱窗里出现的服装，我们通常要选用同一系列的服装，这样服装的色彩、设计风格都会比较协调，内容比较简洁。为了使橱窗里的服装变得更加丰富，我们还需要对这个系列服装的长短、大小、色彩进行调整。

人模和服装的组合，有以下几种基本组合方式（图5-11、图5-12）：

1. 间距相同、服装相同。

这种排列的方式，每个模特之间采用等距离的方式，节奏感较强，由于穿的服装相同，比较抢眼。适合促销活动以及休闲装的品牌使用。缺点是有一些

图5-11　人模组合陈列1 ►

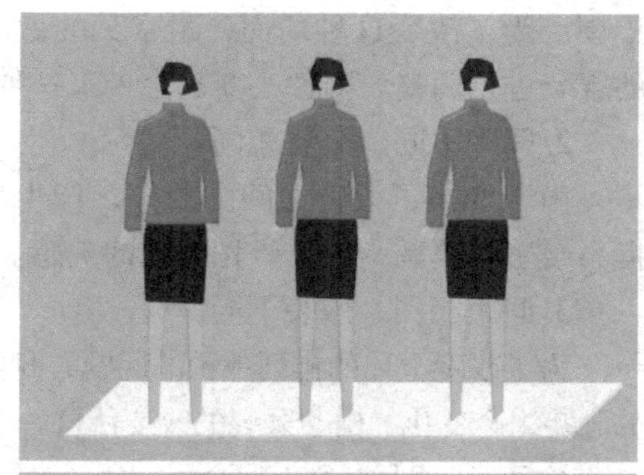

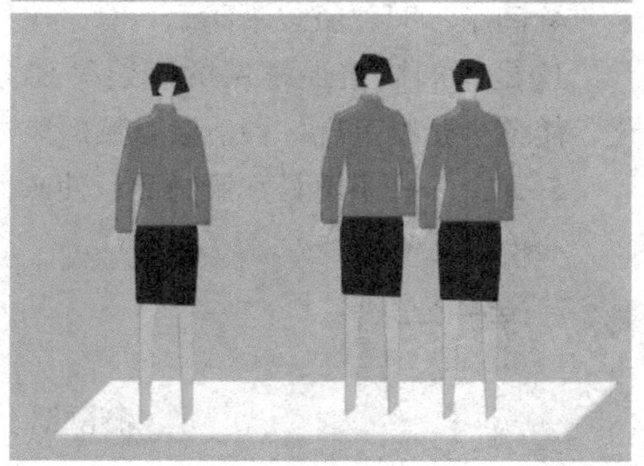

图5-12　人模组合陈列2 ▼

单调。为了改变这种局面，最常见的做法是移动人模的位置，或改变人模身上的服装进行调整。两种改变都会带来一种全新的感觉。

2. 间距不同、服装相同。

由于变换了模特之间的距离，产生了一种音乐的节奏感，虽然服装相同，但不会感到单调，给人一种规整的美感。

3. 间距相同、服装不同。

为了改变上述的排列单调的问题，我们可以改变模特身上的服装来获得一种新的服装组合变化。由于服装的改变使这一组合在规则中又多了一份有趣的变化。

4. 间距不同、服装不同。

这是我们橱窗最常用的服装排列方式，由于模特的间距和服装都发生变化，使整个橱窗呈现一种活泼自然的风格。

5. 加上一些小道具和服饰品，使画面更加富有变化。

学一学

橱窗陈列的方法

橱窗陈列在掌握基本的陈列方法后，接下去的就是要考虑整个橱窗的设计变化和组合了（图5-13）。

橱窗的设计一般是采用平面和空间构成原理，主要采用对称、均衡、呼应、节奏、对比等构成手法，对橱窗进行不同的构思和规划。同时针对每个品牌不同服装风格和品牌文化，橱窗的设计也呈现出千姿百态的景象。其实橱窗的设计风格很难可以将它们进行严格的分类，因为有的橱窗会采用好几种设计的元素。在这里，为了可以让大家比较清楚地了解橱窗风格的变化，将比较典型和常见的六种设计类型介绍如下：

1. 直接展示法

直接展示法是指将道具、背景减少到最小限度，运用陈列技巧，通过对商品的折、叠、挂等方式，或利用模特来充分展现商品的质感、形态、色彩、款式和功能等。这种手法由于直接将商品推到消费者面前，所以要十分注意画面上商品的组合，展示角度应着力突出商品的品牌和商品本身最容易打动人心的部位。道具一般由模特、专用道具、背景物、装饰物、地台等部分组成；服装一般由服饰、眼镜、包、鞋等组成；灯光由定向射灯、背景灯、照明灯等组成。橱窗的背景色彩与服装的搭配不用太过复杂，简洁、明了地将重点放在展示的服装上，突出服装，使消费者对其产生注意并发生视觉兴趣，从而达到刺激购买欲望的目的。

图5-13 橱窗的变化组合

有的橱窗设计的重点在于强调销售信息，除了陈列服装外，有时也配以促销信息的海报，追求立竿见影的效果，使顾客看得明白并激发进店欲望。例如路易·威登皮包店的橱窗（图5-14），不需要过多的修饰，金属质感的骨架和灯光的渲染，就突显出皮包的奢华。

2. 节奏法

这类的橱窗追求一种比较优雅的风格，橱窗的设计比较注重音乐的节奏，橱窗设计主要是通过对橱窗各元素的组合和排列，来营造优美的旋律感。

音乐和橱窗的设计是相通的。在橱窗的设计中体现了音乐节奏的变化，具体的表现就是在人模之间的间距、排列方式、服装的色彩深浅和面积的变化，上下位置的穿插，以及橱窗里线条的方向等方面。一个好的陈列师也是对橱窗内各元素的排列、节奏理解得最深的人。

图5-14　橱窗的直接展示

图5-15橱窗采用红色和咖啡色的组合，从服装的长短以及红色面积的大小的控制上，陈列师都表现出高超的节奏掌控能力。自左至右，红色服装的面积时大时小，服装的陈列方式有正常的穿法，也有系在腰上的打扮，再通过红色裙边和红色的鞋子呼应。陈列师通过服装和道具的一系列组合和排列，像魔术师一般，牵动着顾客的视线，加上模特方向的不同变化，使这个只有两个主色彩的橱窗呈现丰富的变化。

图5-15　橱窗的节奏感1

图5-16橱窗将着衣模特和白色的模特间隔陈列，富有音乐的节奏感，背景的曲线像波浪，也像风，整个橱窗给人一种非常抒情的感觉。

图5-16　橱窗的节奏感2

3. 奇异夸张法

夸张、奇异的设计手法也是橱窗设计中另一种常用的手法，因为这样可以在平凡的创意中脱颖而出，赢得路人的关注。这种表现手法往往会采用一些非常规的设计手法来追求视觉上的冲击力。在这种手法中，最常用的手法是将模特的摄影海报放成特大的尺寸，或将一些物体重复排列，制造一种数量上的视觉冲击力，或将一些反常规的东西放置在一起，以获得行人的关注（图5-17）。

香奈尔品牌当然不是一个篮球的销售商，这个橱窗用很多只黑色的篮球作为陈列道具，旨在突出香奈尔运动系列服装的设计风格。为了和服装的色彩相吻合，同时也为了营造香奈尔品牌有别于大众品牌的高贵血统，陈列师在细节的处理上还是作了一些调整，橱窗里篮球色彩也全部变成黑色，而篮球上的商标则很好地突出了品牌的形象（图5-18）。

图5-19是把一个涂鸦的生活场景搬进了橱窗。伦敦Harvey Nichols百货油画主题橱窗陈列以男性为主题，用大胆创意的油画作为橱窗背景，色彩鲜亮明快。橱窗的玻璃上也被浓墨重彩，内部陈列上则以绘画工具为展示道具呼应主

图5-17　奇异夸张

图5-18　香奈尔篮球橱窗

图5-19　涂鸦生活场景橱窗

题。每个橱窗主题的色调不同，陈列师用大胆冷艳的基调展示出每个主题鲜明的个性，以充满艺术感的方式展示出男性的阳刚之气。几组橱窗采用同一种设计方式，在色彩上却完全不同，被放在同一个店的门口，有几分奇特的感觉。

图5-20橱窗的这家服装店内销售的服装当然不是这些半截头的衬衣，但正是这些半截头衬衣组成的橱窗，给我们非常强烈的视觉冲击力，让这些似曾相识却又陌生的元素在我们脑子里停留。

图5-20　衬衣橱窗

你只有10秒钟的机会——这是老师给学员讲橱窗设计课时经常提到的一句话。一般的服装店，门面的宽度通常在8米之内，按平常人的行进速度，通过的时间大约是10秒钟，怎样在这短短的10秒中抓住顾客的目光，是橱窗设计中最关键的问题。

橱窗的设计方法很多，一个好的橱窗设计师，除了需要熟悉营销和美学知识、具备扎实的设计功底外，更重要的是我们必须时时刻刻站在顾客的角度去审视自己的设计。只有这样你才能做到——抓住顾客的目光（图5-21）！

图5-21　橱窗展示

4. 意境虚幻法

意境虚幻法是以无限丰富的想象编织出神话或童话般的画面，在一种奇幻的情景中再现现实，造成与现实生活的某种距离感。这种充满浓郁浪漫主义、写意多于写实的表现手法，以一种奇幻的形式出现，给人以特殊的美感，满足了人们喜好奇异多变的审美情趣。其基本趋向是对联想所唤起的经历进行改造，最终构成具有审美者独特创造的新形象，产生强烈的打动人心的力量。橱窗（如图5-22）中可以看到圣诞老人来到了心理医生的办公室，正在寻求心理医生的帮助。他是不是由于礼物太多送

图5-22　橱窗的虚幻意境

不过来了呢？还是碰到了什么更加严峻的心理问题？引起了顾客的想象，从而吸引顾客的目光，勾起顾客的好奇心，进而进店浏览。

5. 广告运用法

广告运用法是指恰当地运用广告语言，加上具有冲击力的海报，来加强主题的表现。它可以抓住顾客心理上的弱点，利用精美的文案向顾客强调产品具有的特征和优点。橱窗广告毕竟不同于一般的报纸、杂志，它只能出现简短的标题式的广告用语，并且要考虑到与整体设计和表现手法的一致性，既要生动、富有新意，唤起人们的兴趣；又要易于朗读，易于记忆。例如Max Mara的广告橱窗展示，明星代言的巨幅海报更具影响力（如图5-23）。在橱窗设计中如何巧妙地运用广告，这也是今后需要进行深入探究的话题。

图5-23　橱窗的广告运用

6. 系列表现法

系列表现法是通过统一的表现手法或道具形态色彩的某种一致性来达到系列效果，可以表现在服装的系列性上，也可以体现在每个橱窗广告中保留某一固定的形态、色彩、材料、文字等作为标志性的信号道具上（如图5-24）。从视觉心理上来说，人们追求多样化且既对比又和谐的艺术效果。

图5-24　橱窗的系列表现

系列化能加深消费者对商品或品牌的印象，获得好的宣传效果，对扩大销售、树立品牌、刺激购买欲望、增强竞争力有很大的作用。

练一练

合作做人模组合展示

请同学们按3人一组分组，根据想一想环节学习的内容，合作进行人模组合的展示。

项目达标记录

	优秀	良好	合格	需努力	自评	组评
任务十	5分	4分	3分	2分		
任务十一	5分	4分	3分	2分		
总分						

项目总结

	过程总结	活动反思
任务十		
任务十一		

FASHION
DISPLAY
DESIGN

项目六
女装和西装陈列设计

项目引言

专题陈列是学习成果的综合运用，主要包括女装和西装陈列。优良的专题陈列能够展现品牌服装的风格、理念，传达品牌所要传递给消费者的信息，并能提升服装品牌文化。

本项目的知识目标主要对女装和西装的陈列特点及陈列方法进行分析。能力目标主要对卖场的调查能力及动手能力的培养。

本项目的任务：

任务十二：女装陈列调研；

任务十三：西装陈列调研。

项目实施

任务十二：女装陈列调研

1. 任务目标

通过实际训练，能够根据给定的要求，结合陈列理论，对卖场女装进行科学调研和分析。

2. 任务基本程序和考核要求

（1）分组：一组4～5个人。

（2）任务分析：对已获得的任务题目进行分解，根据给定的调研要求，运用一定的调研手段，采集卖场现场陈列信息。要求：调研总结内容翔实，搜集的资料和信息真实有效。运用陈列的基础理论知识，结合卖场现状，对卖场进行合理的分析。

（3）作业评价：针对调研结果，撰写卖场总结。总结要求：结合照片和利用PPT绘制图表、表达调研和分析内容，表达条理清晰、内容完整，效果图和图片画面干净整洁。

一、商圈评估

商圈地址	
中心街区	
商圈级别	□ 市区高档商业区　□ 市区次商业区　□ 市郊商业聚集区
商圈类型	□ 商办　□ 商住　□ 娱乐休闲　□ 文教　□ 住宅
发展潜力	□ 强　□ 尚佳　□ 平稳　□ 走下坡　□ 不良
建筑条件	□ 新颖时尚　□ 豪华大气　□ 普通　□ 破旧
主导行业	□ 服装　□ 饮食　□ 通讯　□ 电器　□ 文教用品 □ 家具　□ 饰品　□ 小商品　□ 其他
交通状况	□ 非常好　□ 好　□ 普通　□ 短期不佳　□ 不良
道路条件	□ 双向线道　□ 单行道　□ 步行街
辐射性	□ 强　□ 尚佳　□ 一般　□ 差
繁华程度	□ 人口集中/特别繁华　□ 外来人口较多/一般　□ 普通

二、商场基本情况分析

商场地址		
社会地位及知名度		
商场周边环境描述		
商场主要品牌	主要品牌类型和档次	
	列举有代表性的品牌	
店铺营运时间	□ 16小时　□ 12小时　□ 10小时　□ 8小时	
商场人流状况	□ 顾客人流拥挤　□ 顾客人流较多　□ 一般　□ 顾客稀少	
客群类型	客群年龄层	
	主要购买人群及特点	
综合评价该商场零售销售特点		
所调研品牌店铺所在的位置及面积		

三、所调研女装品牌简介

品牌历史	
品牌文化和理念	
品牌风格	
品牌标识	
产品类别	
产品特点	
目标顾客定位	
价格定位	
全国店铺数量及主要城市分布状况	

四、所调研女装店铺销售状况

店铺客流量统计	调研时间________小时，总进店人数________人，平均________人/小时
成交人数	
成交原因分析	
成交额	总成交额________元，平均消费________元/人
（每天、每周、每月、每年）销售黄金时间段分析	
一天销售总额	
一月销售总额	

五、所调研女装店铺形象

店招logo形象	
店面装修（特点）	
店面卫生及整洁度	
样宣（形式）	
店员形象与服务	

注：样宣就是把产品做成样品，或者以产品作为样品进行相关的宣传。在服装店铺中普遍表述为服装宣传手册。

六、所调研女装店铺陈列设计评估

卖场色彩评估	卖场整体空间色彩感觉	
	服装及饰品色彩搭配	
卖场产品陈列评估	陈列设计主题（季节）	
	陈列分区情况	
	主要陈列器架	
	卖场通道规划评估	
	主要陈列方式及特点	
卖场灯具灯光评估	整体的灯光氛围（效果描述）	
	灯具的类型名称	
	灯光：基本照明是否合适，重点照明是否突出	
卖场氛围调研	POP应用（位置、数量）	
	卖场音乐（类型、效果）	
	视频播放（内容）	
	卖场气味（描述）	
橱窗陈列调研	橱窗的位置及面积	
	橱窗的主题创意	
	陈列色彩运用	
	灯光运用	
	陈列道具的使用情况	
	橱窗对顾客的吸引度	

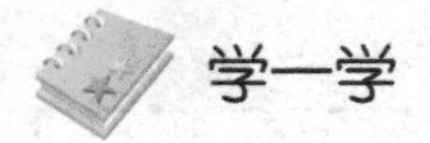

学一学

女装陈列知识

一、女装的概述

在所有的服装门类中，女装无论从风格和款式都是最丰富的，由此也使女装陈列方式变得丰富多彩。在女装的陈列中，我们应该在先掌握女装陈列最基本原理的前提下，再进行不断的变化，使品牌的陈列不仅和潮流同步，用细节打动顾客，同时也永远保持品牌特有的风格和品味，这才是我们所追求的最高陈列境界——时尚多变，只有风格永存（可可·香奈尔）（图6-1）。

图6-1　女装陈列

曾经有人说："时装，是女人的第二肌肤，是女人的另一种语言和爱情。"女性天生具有爱美之心，需求也丰富多彩。为了满足女性对美丽的追求，服装设计师们把自己最精彩的创意和最新流行元素毫不吝啬地使用在女装设计上，演绎了风情万种的美丽。狭长T台、梦幻灯光、霓裳羽衣，不仅引领着女人的心跳与灵魂，也引领着整个时代的风尚脚步。

每一波汹涌的女装时尚浪潮不仅给世界带来了精彩和美丽，同时也给商家们带来了滚滚的财富。女性对时尚的追随和强大的消费力，使女装成为商家激烈竞争的焦点，也成为服装行业最重要的门类。漫步在每个城市的街头、商场，我们总有一种随时被女装品牌包围的感觉，女装在整个时尚产业中已经当之无愧地稳坐着霸主的位置。

近几年随着女性对服装风格多元化的需求，女装品牌设计风格也朝着不断细化的方向发展，女装品牌的数量也随之剧增。而大量国际女装品牌的涌入，使国内女装市场的竞争变得更加白热化。

终端市场竞争就是这场没有硝烟的战争最具体的展现。在永无休止的产品设计竞争战没有画上句号之前，新一轮营销竞争战又悄悄地登场。从ZARA提出的让顾客在高档的环境中购买价廉物美的卖场规划理念到贝纳通用对商品色彩的有机规划来制造卖场的视觉冲击力，引起顾客的购买欲望的销售策略，细心的国内商家已经发现在现代的营销手段中，视觉营销已经变成新一轮营销竞争战终端的制胜法宝，同时也明白这样一个道理：简单的商品展示已经不能满足终端市场的竞争需求，品牌需要更加明确自己特有的视觉营销风格，和能吸引眼球的无限创意。

二、不同定位女装的陈列风格

根据各个品牌相对应的消费群和风格定位的不同，我们可以首先对卖场中的陈列风格作出大的定位，通常不同定位的女装卖场的陈列风格大体有以下分类：

（1）职业女装——突出品质品味；

（2）少女装——体现清新、可爱；

（3）时尚女装——传递最新时尚理念；

（4）休闲女装——营造轻松舒适氛围；

（5）运动女装——展示动感与功能性。

在进行大的分类后，每个品牌再根据自己品牌特有的品牌文化制定不同的陈列风格，如OASIS、MORGAN、MANGO同属于时尚女装范畴，但它们的陈列风格均有所区别。

三、女装卖场的货品分区

根据服装风格、销售方式、消费群的不同，各个女装品牌对卖场货品的分区方式略有不同，主要有以下几种方式：

（一）按色彩分区

按色彩分区就是根据服装色彩划分不同的区域，使卖场中形成几个大的色彩区域，如紫蓝色系、红黑色系、绿黄色系等。

色彩是顾客最容易辨认的元素，同时女性顾客对流行色彩要比男性顾客更敏感。用色彩进行陈列和分区，最能营造卖场的氛围和风格，同时能引起顾客

图6–2　按色彩划分

的购买冲动（图6–2）。

色彩分区的这些特点，也使它成为女装分区最常用的方法。

色彩分区的注意事项：在色彩分区时要同时考虑到服装的面料分类和厚薄等差异，在四季更替时要考虑前后两季服装的色彩的衔接。

（二）按主题或系列分区

当同一个卖场内含有不同的主题或系列服装，就可以按主题或系列在卖场中打造不同氛围的小区域。按主题或系列分区的方法适合主题和系列比较多或面积较大的卖场，如旗舰店等。

如ZARA和ESPRIT就先根据各种不同的主题先进行分区，然后再按色彩进行陈列。

按主题或系列分区时要注意卖场中各个区域的有机联系，保证其整体感与完整性（图6–3）。

图6–3　按主题划分

（三）按价格或规格分区

这两种分区方法比较偏理性。价格分类通常是在季末打折时，顾客的价值取向是以商品的实惠为第一衡量标准。因此这时在卖场中可以按不同的价格设计区域如50元区、100元区，简单明确地满足部分顾客的需求。规格分区通常适用于服装的款式和流行相对比较低的内衣品牌（图6–4）。

上述三种主要的服装分区

方式，在卖场陈列中有时会重叠使用，如色彩分区后我们会进行规格的分类；或按主题分类后再进行色彩的分类等。将哪一种分类的方法放在第一层，这关系到一个品牌的营销策略。

在进行大的区域划分后，接下来的工作就是如何在细节上完善并有所创新，直到将商品有序、有美感地按照品牌的风格展示出来。

图6–4　按价格划分

四、女装卖场的视觉营销作用

卖场视觉营销对于服装销售会起到推动作用。相对其他服装门类，女装的视觉营销就更显其重要，这主要是因为女性消费者的购买行为和女装产品本身的特点所决定的。

（一）女性消费者购买行为偏向感性

从男女思维的性别差异来看，男性思维通常偏向理性，女性思维比较偏向感性。因此，体现在购物行为中，女性顾客比较偏向于冲动型。相对男性的顾客，她们更注重一个卖场的氛围和情调，甚至小到卖场中的背景音乐和卖场的气味。另外，女性对色彩也相对比男性敏感。由于女性从小时候起就对美和流行的关注，使她们对于产品和卖场的美感会比男性顾客更加关注和挑剔（图6–5）。

图6–5　卖场视觉的重要性

因此女装的卖场就更需要进行精心的规划，制造情调，创造一个温馨、时尚的购物场所，从而达到吸引顾客，引起顾客购买的欲望。

（二）女装产品设计风格多样化

由于女性顾客对时尚的多元化追求（图6-6、图6-7），女装的品牌风格相比其他服装门类也都更加多元化。多元化品牌风格在终端的体现，也要求我们在终端陈列风格的把握上必须根据品牌定位的不同，制造和其他品牌陈列风格的差异性。

图6-6　女装卖场的多样性1

图6-7　女装卖场的多样性2

另外，每个女装品牌其款式设计、色彩都比其他服装门类变化要大，因此，对陈列的要求就更充满了挑战性。

查一查

女装的陈列现状

一、国内女装行业的视觉营销现状

我国女装品牌由于其发展历史的溯源，相比男装和休闲装而言，总体来说其经营规模和市场占有率都相对偏小。目前国内许多女装品牌，在终端的竞争策略还大都停留在“设计制胜”的观念上，认为产品的设计做得好，终端销售自然就比较好（图6–8）。

图6–8　女装陈列展示

但是当我们把目光投在许多国际品牌和国内的成功女装品牌的时候，我们却发现这样一个规律：尽管每个成功品牌其成功的因素各尽不同，但有一点却是相同的，他们的系统一定是做得最好的。他们总是把系统性放在第一位，这个系统就包括服装设计、卖场陈列、销售策略等诸多综合要素。

像ZARA的卖场基本保持每周要进行两次卖场变更的频率，其产品陈列的视觉营销规划是在产品上市之前就预先做好的。

值得关注的是，近几年一批国内女装先导品牌，已经开始在视觉营销领域进行探索和实践。如白领女装不仅仅在企业中设立专门的视觉营销管理总监职位，甚至还在店中专门安排导购员对进入专卖店的顾客的行走线路和所停留的位置进行细致的调查和统计，以便确认店铺中的有效销售区域。

雪歌女装则提出了“让设计师了解陈列，让陈列师了解设计”的口号。设计部经理会列席每周的陈列部周会。在每一季服装的设计规划阶段，陈列师已经提前介入和设计师们一起探讨卖场的整体视觉营销效果。

无论对于白领还是雪歌，重视视觉营销并提前将它纳入品牌运营的系统中，已经成为管理流程中一个必要的过程，而不是流于形式的做秀，因为他们早已在终端尝到了视觉营销带来的甜头。

总体来说，目前在国内，像白领和雪歌一样对视觉营销有很深理解的企业还不是太多，国内女装品牌几乎没有预先进行卖场视觉营销规划，故而造成终端视觉营销无序。

很多由于没有前期的视觉营销规划，没有系统性，甚至有的服装设计师在企业中工作好几年都不知道品牌的主力店的面积，不了解卖场货架道具的结构。这些都使服装在卖场中的视觉营销的效果大打折扣。以下一些问题是我们在卖场中经常看到的：

1. 服装风格不稳定，单款视觉营销困难。

通常是由于前期产品开发中产品设计系统性不强所造成的：设计手法缺少延续性，面料种类色彩选用过多。

2. 服装可搭配性差。

女装的可搭配性要求比较高。同系列或是上、下装的可搭配性直接影响到视觉营销和销售。如果在设计阶段没有考虑服装的搭配性，如：缺少可搭配的上、下装或是内搭服装，缺少基本搭配服饰（如：鞋、丝巾、包等）。这些都会影响卖场氛围制造，使卖场陈列风格很难统一。

3. 缺乏有效的终端管理和培训，终端执行力差。

女装的设计变化多，色彩也更丰富，对终端管理人员视觉营销技能的要求也比较高。但我们却发现有许多的服装品牌对色彩搭配以及视觉营销的基础知识都非常缺乏。在我们接触的终端管理人员中，真正具备色彩和视觉营销知识的只占很小的一部分。大部分管理人员只是靠自己的感觉去视觉营销，这样既不规范，也不可能把一个卖场的视觉营销做到极致。

4. 盲目模仿知名品牌的视觉营销方式，造成雷同感。

不考虑自身品牌定位、目标顾客、设计风格，没有任何创新地盲目模仿知名品牌的视觉营销，就像东施效颦，并不能达到促进销售、提升品牌形象的目的。

想一想

国外女装品牌给了我们哪些启示?

一、国外女装品牌视觉营销的启示

（一）根据品牌文化确定视觉营销风格

普拉达（PRADA）与华伦天奴（VALENTINO）都是意大利著名的国际一线女装品牌，但视觉营销上却保持着完全不同的风格。前者使用简约的视觉营销设计手法，重复中有变化；后者却保持着一贯的精致高贵的视觉营销风格。这种区别源于其不同的品牌文化（图6-9）：

图6-9　PRADA陈列展示

1. 普拉达（PRADA）品牌文化——俘获全世界的芳心

简单而纯朴的风格，设计元素的组合恰到好处，精细与粗糙，天然与人造，不同材质、肌理的面料统一于自然的色彩中，艺术气息极浓，这源于当今世界炙手可热的知名商标品牌：PRADA。如今的普拉达经过两代名师的精心缔造，已成为一个完整的精品王国，版图已经拓展到全世界（见图6-9）。

2. 华伦天奴（VALENTINO）品牌文化——美艳灼人

风格豪华、富有，甚至是奢侈，这是华伦天奴品牌的特色，它代表着一种华丽壮美的生活方式，体现了永恒的富丽堂皇。华伦天奴品牌推出的服装总是代表着奇特的观点，概括起来就是对于永恒和原始的敏感把握（图6–10）。

图6–10 VALENTINO陈列展示

（二）把视觉营销纳入整个品牌的管理链中

ZARA系统管理变幻时尚（图6–11）

ZARA是西班牙的服装品牌，由于其完善的系统管理，以及对终端的快速反应能力，使它成为国际服装业备受关注的一颗新星。

ZARA对终端的陈列规划在服装上市之前就已经完成。卖场中陈列布局在产品上市时一切都按照事先的规划有条不紊地执行着，系统管理在ZARA的终端得到完美的体现。

上面三个国际品牌的案例，既让我们明白了视觉营销风格的确定必须符合品牌精神和品牌故事才是最恰当的；同时也让我们明白视觉营销不是一个孤立的行为，它只有融入整个品牌的管理链中，才能发挥其巨大威力和作用（图6–12）。

图6-11　ZARA陈列展示

图6-12　不同品牌风格陈列展示

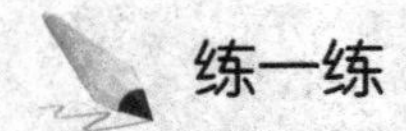

练一练

搜集分区方式图片

根据服装风格、销售方式、消费群的不同，搜集各个女装品牌对卖场货品的分区方式资料，将其制作成PPT进行分析报告。

任务十三：西装陈列调研

1. 任务目标

通过实际训练，能够根据给定的要求，结合陈列理论，对卖场西装进行科学调研和分析。

2. 任务基本程序和考核要求

（1）分组：一组4～5个人。

（2）任务分析：对已获得的任务题目进行分解，根据给定的调研要求，运用一定的调研手段，采集卖场现场陈列信息。要求：调研总结内容翔实，搜集的资料和信息真实有效。运用陈列的基础理论知识，结合卖场现状，对卖场进行合理的分析。

（3）作业评价：针对调研结果，撰写卖场总结。总结要求：结合照片和利用PPT绘制图表、表达调研和分析内容，表达条理清晰、内容完整，效果图和图片画面干净整洁。

一、商圈评估

商圈地址	
中心街区	
商圈级别	□市区高档商业区　□市区次商业区　□市郊商业聚集区
商圈类型	□商办　□商住　□娱乐休闲　□文教　□住宅
发展潜力	□强　□尚佳　□平稳　□走下坡　□不良
建筑条件	□新颖时尚　□豪华大气　□普通　□破旧
主导行业	□服装　□饮食　□通讯　□电器　□文教用品 □家具　□饰品　□小商品　□其他
交通状况	□非常好　□好　□普通　□短期不佳　□不良
道路条件	□双向线道　□单行道　□步行街

续表

辐射性	□强　□尚佳　□一般　□差
繁华程度	□人口集中/特别繁华　□外来人口较多/一般　□普通

二、商场基本情况分析

商场地址		
社会地位及知名度		
商场周边环境描述		
商场主要品牌	主要品牌类型和档次	
	列举有代表性的品牌	
店铺营运时间	□16小时　□12小时　□10小时　□8小时	
商场人流状况	□顾客人流拥挤　□顾客人流较多　□一般　□顾客稀少	
客群类型	客群年龄层	
	主要购买人群及特点	
综合评价该商场零售销售特点		
所调研品牌店铺所在的位置及面积		

三、所调研西装品牌简介

品牌历史	
品牌文化和理念	
品牌风格	
品牌标识	
产品类别	
产品特点	
目标顾客定位	
价格定位	
全国店铺数量及主要城市分布状况	

四、所调研西装卖场状况图绘

1. 品牌卖场平面图

（包括橱窗、货架、通道走向、收银、试衣间等设施的位置，卖场色彩分布及货品分区）

2. 灯光布局图

（包括橱窗、货架、通道走向、收银、试衣间等）

3. 品牌卖场各种货架草图

（货架草图）

五、所调研西装店铺形象

店招logo形象	
店面装修（特点）	
店面卫生及整洁度	
样宣（形式）	
店员形象与服务	

六、所调研西装店铺陈列设计评估

卖场色彩评估	卖场整体空间色彩感觉	
	服装及饰品色彩搭配	
卖场产品陈列评估	陈列设计主题（季节）	
	陈列分区情况	
	主要陈列器架	
	卖场通道规划评估	
	主要陈列方式及特点	
卖场陈列细节	挂装陈列描述	
	叠装陈列描述	
	鞋/包/饰品等陈列描述	
卖场氛围调研	POP应用（位置、数量）	
	卖场音乐（类型、效果）	
	视频播放（内容）	
	卖场气味（描述）	
橱窗陈列调研	橱窗的位置及面积	
	橱窗的主题创意	
	陈列色彩运用	
	灯光运用	
	陈列道具的使用情况	
	橱窗对顾客的吸引度	

查一查

国内西服行业的视觉营销现状

西服业作为男装行业的重要组成部分，在我国服装业中具有举足轻重的地位和作用。由于西服业的资产和销售额一直处于其他服装门类的前列，同时在服装品牌建设中西服品牌一直扮演着领头羊的角色，因此，西服业在中国服装业的发展中有着不可取代的地位（图6-13、图6-14、图6-15）。

近几年，一批有远见的西服品牌在品牌建设走向成熟后，开始重视终端视觉形象建设，通过在企业内部设立视觉营销管理部门、聘用专职的陈列师、开展各种视觉营销培训等，加大了终端的竞争力度，取得了丰硕的成果。

但遗憾的是我们在一部分西服品牌中还找不到相应的视觉营销部门，看不到专职的陈列师，更谈不上有专门的产品上市视觉营销指导手册。相比休闲装品牌和女装品牌对视觉营销的热烈关注和规范程度，西服业视觉营销的总体现状不容乐观。

图6-13　西装陈列展示1

▲ 图6-14　西装陈列展示2

◀ 图6-15　西装陈列展示3

造成这样一个局面，原因是多方面的，但主要有以下几点：

误区一：西服的品类和色彩比较简单，季节和流行的变化较少，比较好陈列。

西服的服装品类和色彩相对女装来说是比较简单。这带来的结果是：虽然比较好陈列，但卖场也会因而变得单调。一个国内知名西服品牌的销售人员抱怨说，该品牌整个冬天卖场的色彩都很沉闷、款式又单调，不知如何去改变。

上面出现的两个问题，都和品牌中缺少视觉营销系统有关。

1. 在品牌规划时没有考虑卖场终端的视觉效果。设计师在设计产品时只考虑产品上、下装或内外的搭配，并没有考虑终端的视觉营销效果，于是最后在整个卖场出现一片沉闷的局面。

假如品牌有健全的视觉营销系统和流程，在设计阶段就邀请公司的视觉营销人员参与，或让设计师充分考虑卖场终端的视觉效果，如加上一些鲜艳的围巾、毛衫等配饰，就可以使卖场变得亮丽。

2. 没有应变的陈列手段。该营销人员说：公司规定同类产品要陈列在一起，所以深色的西服只能和深色西服陈列在一起。其实我们只要把衬衫和西服进行混合陈列，就可以使卖场充满节奏感。

误区二：店铺本身的装修硬件比较好，不管服装怎么摆，效果也差不到哪里去。

由于产品的价位相对比较高，西服品牌对店铺的装修都比较重视，店铺的环境和道具都比较精致，这些都为搞好视觉营销打下了很好的基础，但是就同一个家一样，光是房子装修得漂亮，而房间里混乱不堪，其效果肯定会大打折扣。而服装店中的主角是服装，而不是房子。

误区三：消费者是来买产品的，只要产品好就可以了。

这种观点主要把品牌价值和商品价值两个概念混同。商品价值是其本身所用的材料、设计、制作等成本的总和；而品牌价值既包括商品的价值，也包括整个品牌的文化、服务、视觉感受等诸多因素。

这如同我们在星巴克品尝咖啡和在家中品尝咖啡一样，星巴克的咖啡价值除了这杯咖啡的本身外，还包括星巴克咖啡店特有的环境价值和品牌的文化价值。

而视觉营销是最能展示品牌文化价值的一种有效手段。

想一想

国外西服品牌带来哪些视觉营销启示?

也许没有人比乔治·阿玛尼对视觉营销有更深刻的理解。这位年轻时从意大利百货公司的橱窗陈列师成长起来的世界顶级服装设计大师，对店铺的视觉营销有着深刻的体会："商店的每一个部分都在表达我的美学理念，我希望能

在一个空间和一种氛围中展示我的设计，为顾客提供一种深刻的体验。”

阿玛尼深深知道他的服装只有通过阿玛尼专卖店中一种特定的氛围才能真正展现品牌的价值和文化。这种氛围包括和谐的色彩、宜人的灯光、亲切的导购。消费者在阿玛尼专卖店中不仅仅购买一件服装，而是在购买整个阿玛尼品牌的文化。假如把阿玛尼服装放在一个杂乱无章的低档批发市场中，就不可能体现品牌的价值，也不可能卖出高价位（图6–16）。

图6–16　不同品牌风格陈列展示

一位去过阿玛尼专卖店的朋友回来告诉我，进入阿玛尼专卖店有一种进入艺术展览馆的错觉。置身于店中造型奇特的试衣室时，平凡的试衣动作也变成了一幕有趣的舞台情节。

阿玛尼知道艺术的价值和魅力，他故意制造这种感觉的模糊和错觉，把专卖店变成美术馆，把服装变成艺术品。不仅仅将油画布作为专卖店的墙布，而且将商店中的每一件服装都当作艺术品去精心摆放。

BOSS的系列品牌，于1923年由Hugo Boss先生一手创建，以成功人士为主要消费对象。秉承德意志的理性、严谨的性格，该品牌在终端视觉形象的管理中也非常严谨、科学（图6–17）。

图6–17　BOSS陈列展示

对于终端形象的把握，BOSS系列品牌可以说做到了一丝不苟的地步。一位BOSS品牌的国内管理者曾告诉我，国内BOSS专卖店的所有装修材料，除墙面的乳胶漆是国产外，大到货架道具、地面的石头，小到店头的标志，基本上都是从国外进口的，其原因主要是维持品牌视觉的规范性。

对于每季产品的视觉营销规范和传播，他们同样不会马虎和轻视。BOSS对终端的视觉营销指导方式主要有：

1. 下店培训：由大区域的专业陈列人员下店对导购员进行当面培训和指导。

2. 手册化远程指导：BOSS品牌制定了一系列的视觉营销规范手册，包括A. 基础陈列手册。B. 每季产品款式手册 。C. 每季产品陈列指导手册。

正是这样严谨、立体的视觉营销传播方式，使我们看到国外服装品牌卖场中整齐和美观的场面。

同众多的国内品牌传播策略不同，国外品牌进入中国很少选用轰炸式的广告策略，他们更重视品牌终端的视觉形象和导购艺术。因为他们知道这样一个道理：要想进球，临门一脚才是关键。对细节的把握和对终端视觉营销的重视，是他们在品牌竞争中获胜的法宝之一（图6-18）。

图6-18　陈列展示

学一学

西服门类的陈列形式及要领

长期以来，西服以其庄重、大方的风格，广受男士们的欢迎，也成为欧美国家男士们日常的服装之一。

改革开发初期，我国曾经掀起一股穿西服的热潮。在经历了一场不分场合、不分身份的西服热后，随着消费观念的成熟和市场细化，国内消费者对西服的认知也逐渐走向成熟，西服热有所减退。西服消费也真正回归到原来的定位。特别是近几年，随着人们生活朝休闲化方向的发展，西服的设计和造型也

图6-19　西装的陈列

发生了很大的变化（图6-19）。

作为一个经典的服装门类，西服从来没有退出历史舞台。因为西服造型中传递出的阳刚气息和潇洒风格，特别作为商务和正式场合穿着的服装，是其他服装款式所无法替代的。

为了应对人们对休闲化的要求，近几年来西服业也开始进行不小的变革。细心的顾客可以发现，西服的款式设计和色彩选择发生了一些变化，在设计中开始注入了大量的休闲元素。同时西服专卖店中越来越多地出现茄克、T恤等休闲款式，西服专卖店的涵义也慢慢地超越了名字的本身。

西服设计风格的变化，也给国内西服专卖店的陈列带来了新的挑战。有些终端管理人员发现，由于原先的服装色彩和品种比较单一，店铺的陈列相对容易，而面对越来越多变的色彩和款式的增加，店铺的陈列难度也在不断地增加。

其实作为服装行业的一个种类，西服的陈列也有其特点和规律，掌握其规律后，我们同样可以轻松地进行陈列。

（一）西服的陈列风格

1. 展示阳刚之气：西服门类以西服产品为主，线条简洁、挺刮，风格庄重、大方，因此，陈列时也要注重对产品男性阳刚之气的塑造（图6-20、图6-21）。

图6–20　展示阳刚之气1

图6–21　展示阳刚之气2

2. 展示简约之美：相对其他服装门类，西服的服装品类、款式、色彩变化相对比较少，风格比较简约，在做陈列时要充分突出这种简约的美感。

3. 突出价值感：由于西服，特别是商务性的西服通常都是在正式场合穿着，消费者对西服的要求比较注重品牌的价值感，因此，陈列时要注重品牌价值感的塑造（图6-22）。

图6-22　突出价值感

（二）西服的陈列方式

西服门类的款式相对比较简洁，可以采用“大分区、小穿插”陈列方式（图6-23）。

1. 大分区：即划分基本区域。

西服的品类主要有西服、衬衣、毛衫、T恤、茄克、饰品等，为了方便顾客的购买，在进行西服卖场的陈列之前，通常要对卖场进行分区规划。先划分大的区域，再划分小区域。

根据西服的风格，通常划分正装区和休闲区。然后再根据品类划分为西服区（西装和西裤）、衬衣区、毛衫区、T恤区、茄克区、饰品区。详情如下：

（1）正装区：本区域主要陈列偏商务型的服装，包括风格比较严谨的西服、衬衫、T恤、毛衫等。

（2）休闲区：本区域主要陈列偏休闲型的服装，包括风格比较轻松的西

图6–23　西装品类区分

服、衬衫、T恤、毛衫等。

（3）饰品区：领带、皮包、皮带、鞋子等。

2. 小穿插：即在一个大的品类区或单柜中，进行局部的搭配性穿插陈列（图6–24）。

图6–24　小穿插

服装按品类陈列的优点是：分类清晰，可以方便顾客挑选和单品的比较性选购。但是由于西服品类中款式本身变化比较少，如果在卖场中全部采用品类分类法，就会显得过于理性和单调，同时也不利于搭配销售。

因此，在西服专卖店中，除个别价位较低、品类较多的西服品牌，采用以单品分类法陈列外，通常在西服卖场中我们可以采用以一个品类为主线，用其他品类穿插搭配的陈列方式。这种陈列方式的优点是既可以使每个陈列面有一个鲜明的品类主题，同时也可以进行搭配陈列，丰富各陈列面的视觉效果，带动销售。

以领带陈列方式为例。卖场中的领带陈列通常有两种方式。一种是在卖场中专门设立领带区，这种陈列方式可以满足顾客对产品充裕度的购物要求。另一种是在西服、衬衫中搭配领带。这种方式一方面丰富了陈列面的效果，同时也可以对顾客进行流行搭配的引导，带动领带销售。

卖场的“小穿插”还包括许多手法，如在西服柜中穿插裤子、衬衣，使服装形成厚薄、衣架形态的变化。在羊毛衫的柜子中穿插衬衫，既使服装形成搭配感，又可以使服装的材质上形成对比。

在西服卖场采用“大分区、小穿插”的方式，既可以使每个货区主题鲜明，同时也可以使各个陈列面变得富有趣味和感觉。

（三）西服的陈列细节

1. 陈列步骤

（1）首先确定服装分区及风格、色彩。

（2）放入本柜的主角——主要产品，如西服区中以西服为主。

（3）放入搭配产品。如在西服柜中穿插裤子和衬衫，可以丰富西服区的陈列效果。

（4）再放入小的饰品。

（5）最后进行搭配和造型的调整。

2. 陈列细节

（1）正挂

货架中正挂的西服，通常是本柜中重点推荐的款式，无论在色彩及面料上都要有一定的代表性。正装的西服正挂时，要配上衬衫和领带。正挂时挂钩一律朝左，吊牌放在服装里边。休闲西服也尽量选择合适的T恤或衬衫进行搭配陈列，休闲西服可以不配领带（图6–25）。

图6–25　西装正挂

（2）侧挂

西服侧挂时，挂钩一律朝里，服装的正面统一朝左。店铺两侧货柜中的服装侧挂时正面也可以采用朝左或统一朝门口方向的方式（图6–26）。

图6–26　西装侧挂

侧挂的色彩搭配可采用渐变

法和间隔法来进行。同时，为了增加陈列面的丰富性，可以采用裤子、毛衫、衬衫进行不同品类的间隔来达到丰富的效果。西服的侧挂色彩从左到右［或从右到左］由浅到深。色彩间隔的件数为2件或2的倍数。

（3）叠装

西服店中的叠装：其一是为了储藏货品，同时也为了丰富店铺的陈列形式。出样用的叠装，外面要去掉包装袋和包装盒，还可以用内衬叠衣纸来使服装显得更加整齐（图6–27）。

图6–27　叠装陈列

（4）饰品陈列

西服店中的饰品主要包括：鞋、包、领带、香水等物品，它既可以进行连带的销售，同时也可以丰富卖场中的陈列形式（图6–28）。

图6–28　饰品陈列

西服店的陈列风格整体给人的感觉必须是简洁大方，所以其饰品的陈列也必须符合总体的陈列风格，不要做得太繁复，可以利用物品的大小、前后、色彩进行陈列，其排列的方向可以用横竖排列进行变化。

西服卖场的视觉营销通过不同的陈列方式可以直接营造品牌的价值感。它几乎在不用花费任何资金的状态下，仅仅通过改变货品造型和色彩组合达到的，它将成为西服行业在新时期中的一种新式武器。

想一想

西服该进行怎样的色彩陈列呢?

西服门类的色彩相对比较单调，特别是秋冬季节，色彩比较深沉，假如搭配得不好，很容易给人一种黑压压的感觉。针对这一现象，要求设计师在产品设计阶段就要考虑卖场的陈列效果。如冬季的西服比较深，色彩比较深沉，可以适当加些色彩鲜艳的毛衫和围巾，增加卖场的色彩感。

另一方面，我们还可以通过终端有效的陈列手段来解决这些问题。如可以采用浅色的西装或衬衣、裤子进行间隔，以增加陈列面的变化（图6-29）。

图6-29　西装陈列

卖场不仅要在款式的风格和门类上给顾客一个清晰的识别，在色彩上也要一样。卖场中每个陈列面的色彩要有一定的主题，色彩要有主次。有些品牌专卖店将不同系列的色彩平均混合，就容易给人一种乱糟糟的感觉。如一个品牌的产品中有红色，营业员就把这个红色在卖场中到处分布，结果店铺中到处都是红色，不仅没有用色彩制造不同的色区，同时也使顾客在店中看得眼花缭乱。营造主导色的方式，可以通过正挂服装来实现，因为正挂服装的面积比较大，容易营造色区；也可以在侧挂中通过重复陈列来营造本柜的主导色。

在进行卖场的色彩组合时，先要对服装的色彩进行大的分类，确定单柜的色彩主色调；再进行单柜的色彩搭配；最后进行细的色彩调整和搭配（图6-30、图6-31、图6-32）。

▲ 图6-30　色彩主题色营造1

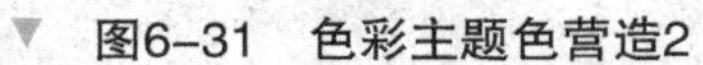

▼ 图6-31　色彩主题色营造2

图6-32　色彩主题色营造3

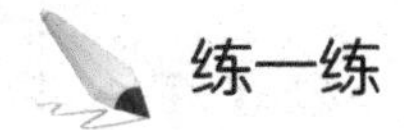

练一练

西服色彩的陈列练习

利用你所知道的色彩基础知识对一组西服进行色彩搭配的陈列练习。

项目达标记录

	优秀	良好	合格	需努力	自评	组评
任务十二	10分	8分	6分	4分		
任务十三	10分	8分	6分	4分		
总分						

项目总结

	过程总结	活动反思
任务十二		
任务十三		

REFERENCES
参考文献

[1] 韩阳. 卖场陈列设计. 北京：中国纺织出版社，2006.

[2] 汪郑连. 品牌服装视觉陈列实训. 上海：东华大学出版社，2012.

[3] 韩阳的陈列博客http：//hanyangvm.blog.163.com/

[4] 王蕊、王川. 服装展示设计. 上海：上海交通大学出版社，2014.

[5] 周同. 视觉巡店–国际品牌店铺陈列赏析. 北京：中国纺织出版社，2007.

[6] （英）摩根著；陈望译. 视觉营销–零售店橱窗与店内陈列. 北京：中国纺织出版社，2009.